DAGMAR EHRLICH

Rebsorten ABC

Reben und ihre Weine

Hallwag

Inhalt

Zum Gebrauch

Sauvignon blanc, Bordeaux – welche ist nun die Rebsorte und welche die Cuvée? Was überhaupt ist eine Rebsorte und was eine Cuvée? Was zeichnet eine Rebsorte aus und wie schmeckt ein Wein, der aus ihr gekeltert wurde? Welchen Einfluss hat eine Rebsorte auf Charakter, Aroma und Geschmack eines Weins? Welche Rolle spielt sie in einer Cuvée (Verschnitt mehrerer Sorten und/oder Weine)? Wenn nicht zufällig ein guter Weinhändler oder der Sommelier im Restaurant kundig durch den Namensdschungel auf dem Weinetikett hilft, bleiben solche Fragen oft unbeantwortet.

Genau diese Lücke will dieser Kompass schließen. Er stellt die 120 wichtigsten von weltweit geschätzten 10.000 Rebsorten und die 24 bedeutendsten Cuvées vor. Nach ein wenig Historie, von der Wildrebe bis zur Edelrebe, und einigen Worten über Rebsortenkunde, Rebenzüchtung und äußere Einflüsse (Klima, Boden, Mensch) beginnen ab Seite 24 die Rebsortenporträts. Die Länge der Beschreibung richtet sich nach der Bedeutung der jeweiligen Sorte: Die »Stars« werden auf einer Doppelseite mit großem Foto und die »Aufsteiger« auf einer Einzelseite mit kleinem Foto präsentiert, während sich die »Regionalen« zu dritt eine Doppelseite ohne Foto teilen.

Alle Porträts sind ähnlich gegliedert: Direkt unter dem Namen der Rebsorte steht die Aussprache, gefolgt von den häufigsten Synonymen, der Herkunft und den Hauptanbaugebieten sowie Angaben zu Weinstil (z.B. schlank oder kräftig-füllig), Farbe, Körper, Säure, Aroma, möglichen Essenspartnern und den wichtigsten Besonderheiten der jeweiligen Sorte. Bei den regionalen Sorten wird zudem auf deren wichtigste Weine, bei den Ökosorten auf den Namen der Züchtung hingewiesen. Im Kapitel »Cuvées und ihre Rebsorten« werden die bekanntesten, aus mehreren Rebsorten verschnittenen Weine vorgestellt, von denen es einige als rote und weiße Variante gibt. Das Buch endet mit dem Register.

EIN BISSCHEN THEORIE

Vor langer Zeit begann der Mensch, Rebsorten Namen zu geben, um ihre verschiedenen Aromen zu unterscheiden. Er lernte Reben zu kultivieren und entdeckte den Einfluss des Bodens, der Lage und des Klimas. Schließlich gelang es ihm, durch Kellertechnik die Frucht und somit die Essenz, die ihm der Boden vorgibt, aus jeder Rebsorte herauszuarbeiten.

Von der Wildrebe zur Edelrebe

Am Anfang war die Wildrebe – buschig mit wild wuchernden Ranken oder fast baumgroß mit dickem Stamm und prachtvollem Blattwerk. Ihre Geschichte reicht zurück bis in die Kreidezeit, vor etwa 130 bis 67 Millionen Jahren. Funde aus dieser Zeit beweisen die Existenz von Pflanzen mit reblaubähnlichen Blättern.

Botanisch gehört die Weinrebe in der Ordnung der *Rhamnales* (Kreuzdorngewächse) zur Familie der *Vitaceen* (verholzende Kletterpflanzen) und darin zur Gattung *Vitis*. Aus deren beiden Untergattungen *Muscadinia* (Nordamerika, Mexiko) und *Euvites* (Europa, Amerika, Asien) – besonders aus Letzterer – entwickelten sich eine Vielzahl von Arten, von denen *Vitis vinifera* die bedeutendste ist, stammt von ihr doch unsere Europäerrebe *Vitis vinifera sativa* ab, deren Trauben wir den Wein verdanken. Aber auch amerikanische Wildreben wie *Vitis berlandieri, Vitis labrusca, Vitis riparia* und *Vitis rupestris* sowie die asiatische Art *Vitis amurensis* spielen im modernen Weinbau eine nicht zu unterschätzende Rolle.

Die europäischen Wildreben, wie sie heute noch im Kaukasus, auf dem Balkan und an der Donau wachsen und sogar bis ins letzte Jahrhundert in den Auwäldern am Oberrhein vorkamen, kann man als Ahnen unserer Kulturrebsorten bezeichnen. Vermutlich sind sie hervorgegangen aus den Unterarten der Wildreben *Vitis vinifera var. silvestris*, beheimatet in Mitteleuropa bis Palästina, und *Vitis vinifera var. caucasica* die von der Ukraine bis Turkestan verbreitet ist.

Vorstufen auf dem Weg von der Wildrebe zur Edelrebe entstanden im Laufe von Jahrtausenden durch spontane Mutation (Genveränderung), ausgelöst durch Klimaveränderungen, oder durch natürliche Kreuzungen. Doch letztendlich war es eine Kulturleistung des Menschen, aus der wild wachsenden Kletterpflanze jenes Gewächs zu formen, das uns seit Tausenden von Jahren das vielleicht edelste aller Getränke schenkt.

Landwirtschaftlicher Weinbau und Weinbereitung waren in Mesopotamien und Ägypten mindestens seit 3.000 v. Chr. bekannt. Bei den Griechen, die mit Dionysos einen eigenen Gott des Weins verehrten, kam es im 1. Jahrtausend v. Chr. zu einer ersten Hochkultur der Rebe.

Der größte Verdienst für ihre Verbreitung gebührt jedoch den Römern, die etwa 300 v. Chr. Reben zu kultivieren begannen. Den Völkern des immer größer werdenden Imperiums brachten sie den Weinstock als »Baum des Lebens« wie auch als Friedenszeichen. Sie kannten schon 130 Rebsorten, die sie durch Selektion immer weiterentwickelten, vor allem für Tafeltrauben, Rosinengewinnung oder zur Herstellung von Mostkonzentraten, weniger für Trinkweine. Doch die Bedeutung von Trinkweinen nahm kontinuierlich zu. Der Weinbau breitete sich bis nach Nordeuropa stetig aus. Krieger wurden zu Winzern, Nomaden sesshaft, und der Wein half beim Werden und Wachsen kultureller Gemeinschaften.

Wilder Wein mit kleinen Früchten im Herbst

Mit dem Erstarken des Christentums übernahmen die Klöster, insbesondere die Zisterzienser, mit sehr viel Engagement das römische Erbe, förderten den Weinanbau und die Rebenselektion. Anfänglich wurzelten noch fünf bis zehn Sorten gemischt nebeneinander: einige für das Aroma, andere für die Menge. Es war jedoch nur eine Frage der Zeit, bis sich Qualitätsunterschiede zeigten, sich die guten Sorten verbreiteten und die schwierigeren langsam verschwanden. Von den heute weltweit etwa 2.500 zugelassenen Rebsorten sind etwa 100 von größerer Bedeutung.

Ampelographie

Die Ampelographie oder Rebsortenkunde (*ampelos* = Weinstock und *graphein* = schreiben) ist die wissenschaftliche Grundlage dafür, verschiedene Rebsorten möglichst zweifelsfrei voneinander zu unterscheiden. Sie ordnet die Rebsorten nach ihren Synonymen (Namen) und ihrem äußeren Erscheinungsbild (Aussehen der Triebe, Blätter, Blüten, Trauben, Kerne und des Holzes) sowie anderen Sortenmerkmalen, z. B. Austriebsdatum, Blütefestigkeit, Wuchsstärke und Wuchsart (hängend oder aufrecht), frühe oder späte Traubenreife oder auch Widerstandskraft gegenüber Krankheiten, Schädlingen und Frost. Faktoren wie Ertragshöhe oder Mostgewicht im Verhältnis zur Säure spielen eine ebenso wichtige Rolle wie Abstammung, Herkunft und heutige Verbreitung.

Als Rebsorten (z. B. Riesling, Chardonnay, Merlot) bezeichnet man die *Varietäten* der Gattung *Vitis*, und zwar in überwältigender Mehrheit der Europäerrebe *Vitis vinifera*. Alle im klassischen Weinbau genutzten Sorten gehören dazu. Aber auch den Amerikanerreben kommt weltweit – auch in Europa – große Bedeutung zu, wenn auch aus einem anderen Grund: Ihr Wurzelsystem ist, anders als das der Europäerreben, meist reblausresistent. Die Ausbreitung dieses kleinen Insekts hätte in der zweiten Hälfte des 19. Jh. beinahe den gesamten Weinbau in Europa zugrunde gerichtet. Abhilfe schaffte erst die Methode, auf den Wurzelstock amerikanischer Reben (sogenannter Unterlagsreben) Edelreiser europäischer Sorten zu pfropfen. Die so veredelte Pflanze produziert Trauben der aufgepfropften Edelsorte, bleibt aber immun gegen den Biss der Reblaus. Fast alle Weinberge sind heutzutage mit veredelten Reben bestockt, ungepfropfte (»wurzelechte«) Sorten trifft man in Europa kaum noch an.

Rebenzüchtung

Seit jeher ist man bestrebt, durch Kreuzung neue Rebsorten zu züchten, die im Idealfall die Stärken der Ausgangssorten, nicht aber deren Schwächen besitzen, um auf diese Weise bereits existierende Rebsorten weiter zu verbessern.

Edelreben werden in der Regel vegetativ vermehrt, d. h. durch Stecklinge, von denen jeder mit der Mutterrebe identisch ist.

Um die Qualität einer Kultursorte aufzuwerten, kann man im Weinberg durch natürliche Mutation entstandene bessere Varianten (»Klone«) suchen, diese selektieren und als Stecklinge mit nachfolgender mehrjähriger Prüfung über verschiedene Selektionsstufen vermehren. Diese Methode bezeichnet man als ungeschlechtliche **Klonenzüchtung**.

Die **Kreuzungszüchtung** hingegen kombiniert durch gezielte Befruchtung verschiedene Sorten zu einer neuen Sorte. Die Anzucht erfolgt nicht vegetativ, sondern aus Samen. Je nach Kreuzungspartnern unterscheidet man bei dieser Methode drei Varianten: Werden zwei Europäerreben gekreuzt *(intraspezifische Züchtung)*, ist ihr Spross eine neue Edelsorte, wie beispielsweise der Müller-Thurgau. Kreuzt man zwei Arten miteinander, meist eine amerikanische Wildrebe mit einer Europäerrebe *(interspezifische Züchtung)*, entsteht eine sogenannte Hybridrebe, z. B. Seyval blanc. Hier ist das Ziel, eine hohe Widerstandskraft gegen-

Junge Weinsprossen

über Schädlingen und Krankheiten zu erreichen, was nicht nur dem Ökoweinbau die Möglichkeit eröffnet, Pestizide einzusparen. Bei der dritten Variante schließlich, der *Unterlagenzüchtung*, sind Mutter und Vater Wildarten, deren Nachkömmling man Unterlagsrebe nennt.

Äußere Einflüsse

Die Eigenart einer Rebsorte hat starken Einfluss auf den Charakter, doch wie ein Wein schließlich schmeckt, ob er über viel oder wenig Frucht, Säure, Körper und Tannin verfügt und ob er gut altern kann, entscheiden die Natur und die Methoden des Winzers. Welche dieser Maßnahmen in Weinberg und Keller die Individualität einer Sorte eher schwächen oder eher stärken, lesen Sie auf den folgenden Seiten, beginnend beim Rebstock, der Pflanze selbst.

Klon und Unterlage

In einem Weinberg gleicht kein Weinstock dem anderen. Auch wenn es sich um dieselbe Rebsorte handelt, zeigen sich einige Rebstöcke widerstandsfähiger gegen Frost oder Krankheiten. Andere kommen mit dem jeweiligen Boden oder Klima besser zurecht oder bringen aromatischere Trauben hervor als ihre Nachbarn. Diese und weitere wichtige Merkmale entstehen auf natürliche Weise, u.a. durch Mutation. Ein aufmerksamer Winzer erkennt die Unterschiede und weiß sie zu nutzen, z.B. für eine Neuanlage. Er wählt den Rebstock mit den von ihm gewünschten Eigenschaften und klont ihn, vermehrt ihn also vegetativ durch einen Steckling.

Dieser **Klon** (griech. einzelner Zweig) ist mit der Mutterpflanze genetisch identisch und bringt die gewünschten Nachkommen hervor. Für den Winzer ist es ratsam, die Nachkommen zu schützen und qualitativ zu unterstützen. Dies geschieht im Frühstadium durch Veredeln, also das Pfropfen eines Edelreises des Klons auf eine **Unterlage** (→ S. 9), den unterirdischen Teil der »fertigen« Rebpflanze, der meist aus Kreuzungen mit amerikanischen Wildreben hervorgegangen ist. Dieser Wurzelstock soll die junge Rebe nicht nur vor der Reblaus, sondern z.B. auch gegenüber dem Echten und Falschen Mehltau stärken.

Die Auswahl einer geeigneten Unterlage (z.B. 5 BB, 5 C, 125 AA) hat auch Einfluss auf die Wüchsigkeit und richtet sich nach der Sorte, Bodenart, Bodenfeuchte und dem Kalkgehalt des Bodens. Es gibt auch wurzelechte Reben, die ganz ohne Unterlage auskommen. Sie sind meist uralt, an ihre Lage bestens angepasst und bringen auf geeigneten Böden, z.B. Schiefer, einzigartige Qualität hervor. Im heutigen Weinbau leben wir aber mit Sicherheitsansprüchen und wollen Konstanz in Qualität und Quantität. Daher ist die Kombination aus Klon und Unterlage für die meisten Winzer nach wie vor die bessere Wahl.

Klima

Die Rebe mag es eher heiß, liebt Licht und fühlt sich bei hoher Luftfeuchtigkeit besonders wohl – wie in den Auwäldern ihrer ursprünglichen Heimat zwischen Kaukasus und Afghanistan. Temperaturen von 40 °C im Schatten verträgt das subtropische Lianengewächs problemlos, was jedoch nach den Kriterien für Qualitätsweinbau zu Einbußen führt. Denn je heißer ein Standort ist, umso schneller reifen die Trauben, der Zuckergehalt in der Traube – und damit der Alkoholgehalt im späteren Wein – steigt, was zu Verlusten bei Fruchtsäure, Duft- und Aromastoffen führt. Besonders problematisch ist Wassermangel, weil dann die Trauben wegen Trockenstress nicht zur Reife gelangen. Nun gibt es Rebsorten – vor allem rote –, die mit Trockenheit, sogar zeitweiliger Dürre, besser als andere zurechtkommen. Wiederum andere erfrieren nicht gleich bei Wintertemperaturen unter –20 °C und erreichen während einer deutlich längeren Vegetations-

Weinberg mit begrüntem Boden

periode trotz weniger Sonne bzw. Wärme ihre vollständige Reife.

Die generelle Aussage, eine Rebe fühle sich zwischen dem 25. und dem 45. Breitengrad am wohlsten, ist bei jedem Einzelfall zu prüfen. Es gibt Sorten, die fast überall irgendein Ergebnis bringen. Qualität aber verlangt nach einem geeigneten Klima. Ist ein Standort zu heiß, sollte man in höhere Lagen ausweichen; ist er zu kalt, empfiehlt es sich beispielsweise, die Reben auf steile Südhänge entlang der Flüsse zu pflanzen. Doch vor allem sollte man sich für die geeignete Sorte entscheiden. Auch wenn Cabernet Sauvignon oder Sauvignon blanc weltweit in Mode sind: In den nördlichen Weinbauländern, etwa Deutschland, bleiben wärmeliebende Sorten eher hinter ihren Möglichkeiten zurück. Dafür wachsen hier die bezauberndsten Rieslinge der Welt, um die uns jedes Weinland beneidet.

Boden

Boden wird gern mit Terroir gleichgesetzt, aber Terroir ist viel mehr: Boden, Klima, Landschaft, der Mensch und seine Anbaumethoden. Alles zusammen beeinflusst den Rebstock, seine Trauben und schließlich den aus ihnen gekelterten Wein. Und doch kommt dem Boden besondere Bedeutung zu.

Ob eine Bodenart tatsächlich so viel Einfluss auf den Geschmack oder das Profil eines Weins hat, wird immer wieder gern diskutiert und von manchen Winzern in Übersee sogar in Frage gestellt. In der südlichen Hemisphäre setzt man andere Prioritäten. Dort ist der mittels moderner Kellertechnik extrahierte reine rebsortentypische Fruchtgeschmack wichtiger als eine bestimmte Lage. Natürlich gibt es inzwischen auch in Übersee Terroir-Weine, bei denen wie in Europa der Lage der Vorrang gegeben wird. Die Art des Bodens, seine Durchlässigkeit und Struktur, seine mikrobielle Aktivität, die Beschaffenheit des Untergrunds – all dies kann durchaus großen Einfluss haben auf die Rebe und dadurch die Typizität eines Weins und seine Herkunft überzeugender zum Ausdruck bringen. Man denke etwa an die großen weißen und roten Burgunder von unterschiedlichsten Böden und ihre vielen geschmacklichen Schattierungen oder an den Riesling, dessen Geschmack erkennen lässt, ob er auf Schiefer- oder Lehmboden gewachsen ist. Der erste präsentiert sich duftig und finessenreich mit langem Abgang, der andere kräftig-füllig mit exotischem Aroma. Selbst wenn die Weine vom selben Kellermeister vinifiziert werden: Der Boden macht den Unterschied.

Mit Ausnahme reiner Humusböden sind alle Böden für den Weinanbau geeignet. Aber: Je fruchtbarer ein Boden ist, umso mehr Energie geht ins Blatt statt in die Traube. Karge Böden hingegen begrenzen den Ertrag, stärken aber die Eigenständigkeit, die Lebendigkeit und den Ausdruck der hier gewachsenen Weine.

Der Mensch

Die Natur mag die feinsten rebsortentypischen Aromen erschaffen, aber der Mensch entscheidet, wie viel davon im Wein wiederzufinden ist. Eine Erfolgsformel gibt es nicht, dafür aber viele Einzelschritte, die gelernt werden wollen wie jedes Meisterhandwerk. Erfahrung und Intuition sind nötig, um in Weinberg und Keller die richtigen Entscheidungen zur richtigen Zeit zu treffen.

Es beginnt mit der Wahl der geeigneten Rebsorte für den jeweiligen Standort. Mit dem alljährlichen Rebschnitt bringt der Winzer die Rebe in Form mit dem Ziel, die Wuchsenergie qualitätssteigernd in die Trauben zu lenken und nicht ins Blattwerk. Dieses muss regelmäßig, vor allem aber vor der Reife ausgelichtet werden, um für eine gute Durchlüftung und Belichtung der Trauben zu sorgen. Ertragsbegrenzung fördert die Weinqualität. Je älter ein Rebstock, umso weniger Trauben produziert er und umso besser ist schließlich die Qualität.

Den richtigen Zeitpunkt für die Weinlese abzupassen ist schwierig, aber entscheidend für den Weinstil. Will der Winzer fruchtig-frische Weißweine, erntet er früher, will er mehr Körper und weniger Säure, lässt er die Trauben etwas länger hängen – und für einen edelfaulen Wein (→ Sauternes, S. 143) nochmals länger. Für Rotweine braucht es zum Erntezeitpunkt ein ausgewogenes Verhältnis von Schale und Saft sowie reife Traubenkerne; unreife lassen den späteren Wein grün und bitter schmecken. Geerntet wird entweder per Hand oder maschinell mit einem Traubenvollernter, in heißen Regionen auch gerne nachts. Kühlere Temperaturen während der Ernte begünstigen den spritzig-fruchtigen Weißweintyp. Wer sauber arbeitet, sortiert alle faulen Trauben aus und erntet nur gesunde, reife Trauben.

Weiße Trauben sollten schnellstmöglich verarbeitet werden. Will man das rebsortentypische Aroma betonen, lässt man die Trauben nach dem Entstielen bei etwa 10 °C einige Stunden mazerieren. Danach werden sie sanft gepresst und in Edelstahltanks meist unter 20 °C kontrolliert vergoren.

Rote Trauben werden fast immer zuerst entstielt, danach leicht angepresst. Dieser Mix aus Traubenhäuten und Most, die Maische, wird dann mehrere Stunden oder Tage im Tank vergoren. Die Gärdauer ist von vielen Faktoren abhängig: der Temperatur (bis max. 30 °C), der Robustheit der Sorte, aber auch dem Stil des Weinguts und der gewünschten Farb- und Gerbstoffintensität. Auf die alkoholische Gärung folgt meist die »Milchsäuregärung«, um die scharfe Apfelsäure in die mildere Milchsäure umzuwandeln. Rotweine für baldigen Genuss reifen anschließend kurz im Edelstahltank, bessere länger und Toprotweine wie auch Topweißweine in 300-Liter-Eichenholzfässchen oder 225 Liter fassenden Barriques, was ihnen Fülle und zusätzlich zum rebsorteneigenen Spektrum Aromen wie Vanille, Biskuit, Karamell sowie rauchige Noten verleiht.

REBSORTEN IM PORTRÄT

In der heutigen Rebsortenwelt tummeln sich Stars, die längst als Weltenbummler Karriere machen, gefolgt von den Aufsteigern, die ehrgeizige Weine hervorbringen. Die Regionalen fühlen sich in ihrer Heimat nach wie vor am wohlsten, während die Ökosorten Hoffnungsträger nicht nur von Biowinzern sind.

Die Stars

Jeder der acht Rebsortenstars ist einzigartig. Ihre unverwechselbare Frucht, sozusagen ihr Fingerabdruck, ließ ab den 1990er-Jahren die Nachfrage nach reinsortigen Weinen, besonders aus Übersee, stark ansteigen. Das europäische Konzept, wonach ein Wein seine Herkunft widerspiegeln sollte, galt in der Neuen Welt anfänglich wenig. Inzwischen aber hat die »Terroir«-Philosophie auch dort eifrige Anhänger. Denn das Terroir, der Einfluss von Boden, Klima und Lage, verleiht ihnen erst den Starappeal, der sie auszeichnet. Dank ihrer Wandelbarkeit und ihres starken Charakters stehen sie international ganz oben auf dem Treppchen und heimsen die meisten Medaillen ein. Nicht nur wurzeln die Rebsortenstars in Spitzenlagen, sie erhalten auch jede erdenkliche Zuwendung des Winzers. Edel ausgestattet und hochpreisig kommen ihre Weine in den Handel, um schließlich nach dem Lupfen des Korkens höchstes Entzücken auf die Gesichter der Weinfreunde zu zaubern.

Mit Ausnahme des Rieslings, der nur in Deutschland, Österreich und im Elsass wirklich Feinstes hervorbringt, stammen die Stars ursprünglich allesamt aus Frankreich, wo man sie *cépages nobles* – edle Rebsorten – nennt. Inzwischen sind sie, ob sortenrein oder im Mix mit anderen Trauben, überall zu Hause, viele davon erfolgreich in Übersee. Diese Siegertypen von höchster Qualität und frechem Selbstbewusstsein sind unerbittliche Herausforderer für die Altmeister aus Galliens Weingärten.

Cabernet Sauvignon, Chardonnay und Sauvignon blanc mögen aus Frankreich stammen, doch ihre Fähigkeit, unter anderen Standortbedingungen als in Europa neue Weinstile hervorzubringen, konnten sie erst in der Neuen Welt entwickeln. Diese spannenden, eigenständigen Weine fordern längst die Stars der Alten Welt heraus, die einst ihre Vorbilder waren.

Riesling – ein Star unter den Reben

Während sich einige Stars eher kapriziös gebärden, sind Cabernet Sauvignon und Chardonnay am genügsamsten. Deshalb verbreiteten sie sich am schnellsten und wurden bald zu »everybody's darling«, gefolgt vom Syrah, in Übersee als Shiraz bekannt, Merlot und Sauvignon blanc. Am längsten brauchten Pinot noir bzw. Spätburgunder und Riesling, die beide allerhöchste Ansprüche an ihren Standort stellen. Sie fühlen sich im kühleren Klima Europas grundsätzlich immer noch am wohlsten. Noch – denn der Klimawandel lässt heute Weinbau in Gegenden zu, wo es bisher zu kalt war. Die Winzer in den heißen Regionen Südeuropas müssen auf die Höhenlagen ausweichen, die Grenze verschiebt sich in Richtung Norden und Osten, nach Norddeutschland, Skandinavien und Polen. Auch England könnte zu einem ernst zu nehmenden Weinland werden. Dort finden sich Böden wie in der französischen Champagne und daher ideale Voraussetzungen.

Die Aufsteiger

Jede der dreizehn Rebsorten dieser Kategorie verfügt über herausragende Qualitäten. Dennoch haftet ihnen immer noch der Ruf einer gewissen rustikalen Unbedarftheit an. Man traut manchen von ihnen, sicher zu Unrecht, die Noblesse einer Spitzensorte nicht ganz zu. Doch es ist gerade diese Mischung aus regionaler Erdverbundenheit und den oft bewiesenen qualitativen Fähigkeiten, die fasziniert und das Spektrum unserer heutigen Weinwelt bereichert.

Den Olymp des Weins zu erklimmen und vielleicht sogar einen Stammplatz unter den Stars zu erobern, dürfte das Ziel eines jeden Aufsteigers sein. Alle dreizehn sind auf dem besten Weg dorthin. Sie stammen aus Ländern und Regionen, in denen sie oft lange ein mehr oder weniger verborgenes Dasein führten – etwa Nebbiolo (Piemont), Sangiovese (Toskana), Tempranillo (Rioja, Ribera del Duero, Portugal) und Cabernet franc (Bordeaux, Loire). Erst die innovative Weinbereitung durch neugierige Winzer, die ihr Potenzial erkannten, verhalf ihnen in den wärmeren Klimata der Neuen Welt zum Aufstieg. Manche Sorten, z.B. Zinfandel (Kalifornien) oder Malbec (Argentinien), erfuhren eine spannende Stilwandlung, die ihnen Erfolg und die Punkte der Weinprofis einbrachte. Andere profitierten von einer Trendwende beim Weingeschmack. Wie einst der Riesling kämpfte auch der Chenin blanc lange um Anerkennung. Sein Problem: eine knackige Säure in Zeiten softer Weintypen. Heute zählt er gerade wegen seiner Säure und seiner Vielseitigkeit zu den Gewinnern.

Der Viognier genoss in seiner Heimat Condrieu an der Nordrhône immer höchstes Ansehen, nicht aber international – bis die Rebe im Languedoc-Roussillon, in Kalifornien und in Australien eine neue Heimat fand. Andere blieben ihrer europäischen Heimat treu, etwa Silvaner, Weiß- und Grauburgunder sowie Gewürztraminer, und hatten als Lagenweine mit Terroir Erfolg – eine Wohltat für den Gaumen nach den vielen neutralen Langweilern im Einheitsstil. Seitdem Ende der 1990er-Jahre aufmerksame Winzer angestammte Sorten mit ihren unverwechselbaren Eigenschaften neu entdeckten, werden aus regionalen Sorten Aufsteiger. Manch andere noch unbekannte Regionalsorte wird folgen, wie der gelbe Orleans, ein Hoffnungsträger in Zeiten des Klimawandels, braucht doch diese Sorte viel Wärme, um zu reifen.

Die Regionalen

Etwa 2.500 für den Weinbau zugelassene Rebsorten weltweit – welch eine Vielfalt! Einen winzigen Ausschnitt davon bietet die Auswahl in diesem Buch. Es sind allesamt regionale Trauben, die in ihren Herkunftsgebieten Landschaft und Weinkultur geprägt haben und vielerorts bis heute bäuerlich geblieben sind. Einige dieser Rebsorten haben ihre angestammten Plätze nie verlassen und wurzeln heute noch in ihren eng gefassten geografischen Zonen. Doch sie

Grauburgunder – eine regionale Rebsorte

sind eine Bereicherung für die Weinwelt und immer eine Entdeckung wert, haben doch manche von ihnen das Potenzial, die Aufsteiger von morgen zu werden! Einige Sorten sind schwierig im Anbau, andere wiederum eigenwillig im Geschmack. Die anpassungsfähigsten unter ihnen haben es zu überregionaler Anerkennung innerhalb ihrer Weinbauländer gebracht oder sie stehen, selbst von findigen Rebsortenkundlern noch unentdeckt, in alten Weinberglagen zusammen mit anderen Sorten. Auf jeden Fall sind die wenigsten im Begriff, wie Cabernet Sauvignon & Co. zu Weltenbummlern zu werden. Ob es einer Rebsorte überhaupt je gelingt, erkannt und gefördert zu werden, liegt in erster Linie am Engagement und Gespür eines Winzers.

Auch die Weinwissenschaft, vor allem die Rebsortenkunde, achtet auf förderungswürdige Sorten. Lange standen Wuchs- und Ertragskraft im Vordergrund: Gefragt waren Hochleistungsreben, die man »melken« kann. Inzwischen aber gelten andere Kriterien.

Regent – diese Rebsorte eignet sich gut für den ökologischen Weinbau

Winzer, die ohne große Anstrengung verkaufen wollen, suchen immer noch nach universellen Typen wie Soft-Chardonnays und unkomplizierten Merlots aus Übersee. Spitzenerzeuger hingegen achten auf Terroir, eine gute Anpassung an die Lage, den Boden und das Mikroklima. Manch einer wagt sich sogar an vergessene, weil schwierige Sorten, wie der rebsortenkundige Biologe Andreas Jung. Er entdeckte an der badischen Bergstraße uralte Sorten wie die Fütterer, Kleinedel, Putzscheeren, Heunisch, Ortlieber und bemüht sich seitdem um deren Pflege und Wiederanbau.

Gerade die regionalen Sorten dürften in den Zeiten des Klimawandels eine wichtige Rolle spielen. Sie sind nicht kapriziös wie gewisse Rebsortenstars und nicht im Begriff, Karriere zu machen wie die Aufsteiger, sondern verlässliche Partner für jeden Winzer. Dabei sind sie unkompliziert, gedeihen auch in schwächeren Lagen und erbringen beständig gute, manchmal sogar richtig gute Weinqualität.

Die Ökorebsorten

Pilzwiderstandsfähige Rebsorten, kurz Piwis genannt, sind die Antwort engagierter Züchter auf die ertragsgefährdenden Pilzerkrankungen Oidium und Peronospora, den Echten und den Falschen Mehltau. Um sie unter Kontrolle zu halten, spritzen konventionelle Winzer bis zu zehnmal mit hochchemischen Antipilzmitteln, vor allem Kupfer, das den Boden nachhaltig schwächt. Ökowinzer hingegen setzen auf natürliche Pflanzenstärkungsmittel, auf einen gesunden, vitalen Boden und robuste Alternativen wie Piwis. Diese sind genetisch mit den natürlichen Schutzmechanismen der reblausresistenten amerikanischen Wildreben ausgestattet. Sie unterstützen zudem das Ökosystem Weinberg und bieten auch in Kreuzung mit europäischen Sorten das gesamte, geschmacklich spannende Spektrum der klassischen Rebsorten – vom finessenreichen Rieslingtyp bis zum vollfruchtigen Rotwein.

Agiorgitiko

[ajorgitiko]

SYNONYME Aghiorghitiko, Aghiorgitiko, Mavro Nemeas, St.-Georgs-Rebe, Mavroudi Nemeas, Nemea

VERBREITUNG GR-Nemea (Peloponnes)

- **Weinstil:** samtig-fruchtig bis ausdrucksvoll-intensiv
- **Farbe:** helles bis schwärzlich dunkles Kirschrot
- **Weine:** Nemea
- **Körper:** körperreich
- **Säure:** sanft
- **Aroma:** Kirsche, mediterrane Kräuter, Pflaume
- **Essenspartner:** Lamm, Ziege, Schafskäse, geschmortes oder gegrilltes Gemüse

BESONDERHEITEN Agiorgitiko, eine der ältesten Sorten der Welt, dient als Basissorte angenehm fruchtiger Rosés wie auch – aus Hochlagen oberhalb 450 m – körperreicher, ausdrucksstarker und (in der Cuvée mit Cabernet Sauvignon) eleganter Weine. Nicht zu verwechseln mit der Herkunftsbezeichnung »Agioritikos«!

Aglianico

[alljaniko]

SYNONYME Aglianichello, Aglianico di Castellaneta, Guanico, Fresella, Gagliano, Uva dei Cani

VERBREITUNG Italien (vor allem Basilikata und Kampanien, wenig in Kalabrien, Apulien, Molise, Sizilien)

- **Weinstil:** vollmundig-fruchtig mit zarter Säure
- **Farbe:** rubinrot

Weine: Aglianico del Vulture, Taurasi

Körper: mittel bis kraftvoll-komplex-füllig

Säure: angenehm

Aroma: Kirsche, Schokolade, Gewürze, Nüsse

Essenspartner: gegrillter Fisch, Grillgemüse, Pasta mit pikanter Tomatensauce, Rind, Pilzgerichte

BESONDERHEITEN Die früh reifende, qualitativ unterschätzte Sorte stammt aus Griechenland (7. Jh. v. Chr.), liebt vulkanische Böden und erbringt extraktreiche, fruchtintensive Weine, die gut 1 bis 2 Jahre im kleinen Holzfass reifen und so qualitativ zulegen können.

Albariño

[albarinjo]

SYNONYME Alvarinho (Portugal)

VERBREITUNG E-Rías Baixas, P-Minho

Weinstil: fruchtig-elegant bis würzig-füllig

Farbe: hellgelb bis sonnengelb

Weine: Rías Baixas, Vinho Verde, Ribeiro

Körper: mittel bis füllig

Säure: elegant

Aroma: Zitrone, Apfel, Nektarine, Melone, Blumen

Essenspartner: Artischocken, Spargel, Geflügel, feinwürzige Fischgerichte, eingelegtes Gemüse

BESONDERHEITEN Als Rebsorte des leichten Vinho Verde in Portugal blieb der »kleinen Weißen vom Rhein« der Durchbruch verwehrt. In Rías Baixas erreichte sie als mögliche Verwandte von Sauvignon blanc bzw. Weißburgunder mit geschmacksintensiven Weinen auch international Anerkennung.

Alfrocheiro preto

[alfroscheiro preto]

SYNONYME Alfrocheiro, Alfrucheiro, Tinta bastardinha, Tinta Francisca de Viseu

VERBREITUNG Portugal (Dão, auch Alentejo, Bairrada, Ribatejo)

- **Weinstil:** kraftvoll-würzig
- **Farbe:** dunkelrot-dicht
- **Weine:** Dão
- **Körper:** kraftvoll-dicht, vielschichtig
- **Säure:** kräftig
- **Aroma:** Anis, Minze, Kirsche, Erdbeere, Wildblumen, Wildkräuter, Kümmel
- **Essenspartner:** Putenbrust, Grillfleisch

BESONDERHEITEN Die früh reifende Sorte mit eigenwilliger Aromatik ist nur bei niedrigen Erträgen und bester Standortwahl erfolgversprechend. In feuchten Jahren neigt sie zu Krankheiten. Wegen ihrer intensiven Farbe ist sie ein beliebter Verschnittpartner.

Aligoté

[aligoteh]

SYNONYME Aligotary, Blanc des Troyes, Chaudenet gras, Giboudot blanc, Griset blanc, Plant gris, Vert blanc

VERBREITUNG F-Burgund, Rumänien, Bulgarien, Russland, Ukraine, Moldawien, Georgien, Kasachstan, Aserbaidschan

- **Weinstil:** sehr trocken bis kräftig-frisch
- **Farbe:** hell- bis mittelgelb

Weine: Bourgogne Aligoté, Kir (Aperitif mit Cassislikör)

Körper: mittel

Säure: kräftig, manchmal kantig

Aroma: Nussaromen, Apfel, Heublumen, Honig

Essenspartner: Quiche Lorraine, Geflügel mit cremigen Saucen, Zwiebelkuchen, gedünsteter Fisch

BESONDERHEITEN Idealer Basiswein für den Aperitif Kir, versüßt mit einem Schuss Cassislikör. Hierzu passt die typische trocken-kantige Säure der Traube, die auch den Erfolg in Osteuropa erklärt. Im Süden Burgunds setzt man auf alte Stöcke von guten Lagen, was bessere bis hohe Qualität entstehen lassen kann.

Antão Vaz

[antao wass]

SYNONYME Antonio Vaz

VERBREITUNG Portugal (Alentejo, Estremadura)

Weinstil: körperreich, mineralisch, säurebetont

Farbe: gelb-gold

Weine: Alentejo

Körper: vielschichtig, voller Körper

Säure: säurebetont

Aroma: Grapefruit, Limone, tropische Früchte

Essenspartner: leichte Fischgerichte, Geflügel

BESONDERHEITEN Die uralte, genügsame Sorte ist dickschalig, somit widerstandsfähig, und bringt ausdrucksstarke, große Weine hervor. Auch gut geeignet als Mix mit den weißen Sorten Arinto und/oder Roupeiro und für den Ausbau im kleinen Holzfässchen (Barrique).

Arinto

[arinto]

SYNONYME Arinto-Arinto, Arinto do Dão, Arinto Cachudo, Assario, Boal Cachudo do Ribatejo, Pedernã (Vinho Verde), False Clairette, Arinto Miudo

VERBREITUNG P-Bucelas, P-Vinho Verde

Weinstil: frisch-anregend bis elegant-komplex

Farbe: helles Sonnengelb

Weine: Bucelas, Alenquer, Bairrada, Vinho Verde

Körper: mittel

Säure: pikant

Aroma: zitronig, Apfel, Zitruszeste (gereift)

Essenspartner: gedünsteter oder gegrillter Fisch, Blattsalat, Sushi, Taboulet, Austern, Weichkäse

BESONDERHEITEN Die uralte Sorte ähnelt dem Riesling, nicht nur wegen der markanten Säure. In der Region Bucelas erbringt sie reinsortig oder in der Cuvée komplexe Weine mit sehr gutem Alterungspotenzial und legt, gelegentlich unterstützt durch kurze Reife im Holzfass, an Finesse und Ausdrucksstärke zu.

Arneis

[arnäis]

SYNONYME Barolo bianco, Bianchetta, Bianchetto d'Alba, Bianchetto di Verzuolo, Nebbiolo bianco

VERBREITUNG I-Piemont (Langhe und Roero), Australien

Weinstil: duftig-leicht bis saftig und leicht exotisch

Farbe: zartes Strohgelb

Weine: Roero Arneis, Langhe Arneis

Körper: mittel

Säure: gering, höher in der Roero-Region

Aroma: Mandel, Birne, floral, Banane, Ananas

Essenspartner: Salat von Schalen- und Krustentieren, Süßwasserfisch, Geflügel, Gemüseantipasti

BESONDERHEITEN Früher zähmte sie in der Cuvée manch robusten Barolo. Seit 1990 von Topwinzern wiederentdeckt, überzeugt sie auch reinsortig – trocken oder restsüß (Passito) ausgebaut – mit ansprechender Qualität und als angenehmer Essensbegleiter.

Assyrtiko

[assirtiko]

SYNONYME Arcytico, Assirtico, Asurtico, Asyrtiko

VERBREITUNG Griechenland (Santorini, Attika, Chalkidike, Drama)

Weinstil: langlebig, mineralisch mit Substanz

Farbe: mittleres Goldgelb

Weine: Côtes de Meliton, Santorini

Körper: mittel

Säure: kräftig

Aroma: mineralische Noten, Jasmin, Zitrone

Essenspartner: Fisch, leichte Fleischgerichte

BESONDERHEITEN Mineralität, die Fähigkeit zu hoher Säure trotz der heißen Anbauzone und letztlich die Länge ihrer Weine am Gaumen macht sie zu einer der weißen Topsorten Griechenlands, besonders wenn sie auf Vulkanboden in Santorini gewachsen ist. Savatiano ist für diese Sorte ein ausgezeichneter Cuvéepartner.

Auxerrois

[okseroa]

SYNONYME Aucerot, Auxois, Weißer Auxerrois, Okseroa, Blanc de Kientzheim, Pinot Auxerrois

VERBREITUNG Deutschland (Baden, Mosel, Südpfalz), Luxemburg (Mosel), F-Elsass, Schweiz (Waadt, Wallis)

Weinstil: weich und ausgeglichen

Farbe: gelbgrün

Weine: Auxerrois

Körper: rund, angenehme Struktur

Säure: mild

Aroma: dezent

Essenspartner: Süßwasserfisch, helle Fleischgerichte, Fischterrinen, Frischkäse

BESONDERHEITEN Die natürliche Kreuzung aus Pinot und weißem Heunisch gehört zur großen Burgunderfamilie. Ihre Weine sind schlanken Weißburgundern nicht unähnlich. Nicht zu verwechseln mit der roten Auxerrois im südfranzösischen Cahors bzw. Malbec.

Baga

[baga]

SYNONYME Baga de Louro, Baya, Poeirinho, Baguinha, Bairrada, Carrasquenho, Pretinho, Preto Rifete, Rifete, Rosete, Tinta bairradinha, Tinta da Bairrada, Tinta fina

VERBREITUNG Portugal (vor allem in Bairrada, aber auch in Dão, Ribatejo, Estremadura)

Weinstil: viel Frucht, Tannin, reif immer eleganter

Farbe: brombeerschwarz

Weine: Bairrada, Mateus rosé (Cuvée)

Körper: kräftig

Säure: hoch

Aroma: Schwarzkirsche, Cassis, Pflaume, Kakao

Essenspartner: Wurst, Wild, Schwein, Schafskäse

BESONDERHEITEN Sehr dickschalig und kapriziös, in ganz Portugal wurzelnd, zeigt jedoch in Bairrada ihr volles Potenzial: säure- und tanninreiche, exzellente Weine mit betörendem Aroma und sehr haltbar.

Barbera

[barbera]

SYNONYME Barbera d'Asti, Barbera d'Alba, Barbera del Monferrato, Barbera a raspo rosso, Gaietto

VERBREITUNG Italien (Piemont, Lombardei, Emilia-Romagna), Argentinien, USA-Kalifornien

Weinstil: beerig-frisch bis fleischig-intensiv

Farbe: mittleres bis dunkles Kirschrot

Weine: Barbera d'Alba, Barbera d'Asti, Monforte d'Alba

Körper: mittel

Säure: hoch

Aroma: Kirsche, Brombeere, Himbeere, Pflaume, Schokolade, erdige Aromen

Essenspartner: Antipasti, Spaghetti bolognese, Lasagne, Parmaschinken, Salami, Ziegenkäse

BESONDERHEITEN Giacomo Bologna und anderen Topwinzern verdankt der Barbera seinen Aufstieg vom tanninarmen, säuerlichen Bauernwein zur würzig-aromatischen Schönheit, der eine Holznote gut steht.

Blauer Portugieser

[blauer portugieser]

SYNONYME Portugais bleu, Kékoporto (Ungarn), Kraljevina, Portugaljka, Portugizac crni (Kroatien), Vöslauer

VERBREITUNG Deutschland, Österreich, Ungarn, Rumänien, Nordkroatien, Südfrankreich

Weinstil: einfach und dünn bis süffig

Farbe: hagebuttentönig bis leichtes Kirschrot

Weine: Portugieser, Vöslauer (Österreich)

Körper: leicht

Säure: säurearm

Aroma: leichtes Beerenaroma, Erdbeere, Kräuter

Essenspartner: milde Wurst, milde Käsesorten wie Gouda oder Rohmilchweichkäse, Schnitzel

BESONDERHEITEN Der Massenträger bringt meist sehr leichte Weine hervor, oft noch restsüß abgefüllt. Deutlich gehaltvollere Rotweine bei reduziertem Ertrag.

Blaufränkisch

Blaufränkisch

[blaufränkisch]

SYNONYME Lemberger (Deutschland), Kékfrankos (Ungarn), Limberger, Crna frankovka, Frankonia, Gamé (Bulgarien), Burgund mare (Rumänien)

VERBREITUNG Österreich, Deutschland, Ungarn, Kroatien, Tschechien, Bulgarien, Rumänien, USA

Weinstil: elegant-fruchtig bis rassig-gehaltvoll

Farbe: mittleres bis dunkles Brombeerrot

Weine: Blaufränkisch, Lemberger, Kékfrankos

Körper: mittel

Säure: markant

Aroma: Kirsche, Brombeere, Blaubeere

Essenspartner: Ochsenschwanz, Lamm, Rumpsteak, Leber, Wild, Pilzgerichte, pikanter Käse

BESONDERHEITEN Die Sorte kann beides liefern: leichte oder körperreiche Weine. Spannender sind sicher die körperreichen, die vor allem im österreichischen Burgenland auf schweren Löss- und Lehmböden gedeihen und in guten Jahren mit intensiver Farbe, Charakter, herrlichem Beerenaroma und stabilem Tannin überzeugen. Lässt der Winzer sie im kleinen Holzfass reifen, können sie an Vielschichtigkeit und Struktur noch zulegen. Zu Ähnlichem ist die Rebe in sehr guten Jahren auch in Württemberg fähig, wenn sie als Lemberger oder Blauer Limberger in den allerbesten Lagen wurzelt und von kundigen Winzern betreut wird, denn Voraussetzung für hohe Qualität ist bei dieser Sorte – mehr noch als bei anderen Sorten – eine sehr gute Traubenreife. Blaufränkisch oder Lemberger ist auch ein spannender Cuvéepartner für Spätburgunder, Cabernet Sauvignon, Zweigelt oder Merlot.

Bobal

[bobal]

SYNONYME Boal, Carignan espagnol, Provechón, Tinto de Requena, Tinto de Zurra, Valenciana tinta

VERBREITUNG Spanien (Albacete, Cuenca, Utiel-Requena, Alicante, Levante, Extremadura, Valencia)

- **Weinstil:** leicht und süffig
- **Farbe:** tiefdunkel
- **Weine:** Bobal Rosado (mit Garnacha)
- **Körper:** leicht
- **Säure:** kräftig
- **Aroma:** Schwarzkirsche
- **Essenspartner:** Wurst, milder Käse, Tortilla

BESONDERHEITEN Die in Spanien drittwichtigste Sorte wird vor allem zu Traubenmostkonzentrat verarbeitet oder wegen ihrer Farbe und frischen Säure mit Garnacha oder Tempranillo verschnitten. Manch derbem Monastrell verleiht sie angenehme Frucht. Bobal kann aber noch mehr, wie die kräuterwürzigen Weine der Region Utiel-Requena eindrücklich zeigen.

Bronner öko

[bronner]

ZÜCHTUNG Merzling × (Saperavi severnyi × St-Laurent)

HERKUNFT Züchtung 1975 von Dr. Norbert Becker, Staatliches Weinbauinstitut Freiburg (Baden)

VERBREITUNG D-Baden

- **Weinstil:** stoffig-kräftig, fruchtig
- **Farbe:** gelbgrün

Körper: stoffig

Säure: mittel

Aroma: Pfirsich, Apfel, Guave, Minze, Muskat

Essenspartner: gefüllte Ravioli mit Kürbis

BESONDERHEITEN Die Freiburger Züchtung erweist sich als sehr widerstandsfähig gegenüber Echtem und Falschem Mehltau sowie Botrytis, selbst bei hohem Infektionsdruck. In guten Lagen angepflanzt und voll ausgereift, erinnern die Weine an vollfruchtige Weißburgunder mit einem Chardonnay-ähnlichen runden Körper und tropischem Touch.

Cabernet blanc öko

[kaberneh blang]

ZÜCHTUNG Cabernet Sauvignon × Resistenzpartner

HERKUNFT Züchtung 1991 von dem Schweizer Rebenzüchter Valentin Blattner in der Pfalz

VERBREITUNG D-Pfalz, Baden

Weinstil: fruchtig-elegant

Farbe: grüngelb

Körper: elegant

Säure: frisch

Aroma: Cassis, Holunderblüte, Blütenhonig

Essenspartner: Sushi, Geflügel, Ziegenkäse

BESONDERHEITEN Die gelungene Piwi-Kreation von Valentin Blattner in enger Zusammenarbeit mit dem ökologisch arbeitenden Winzerpaar Rummel aus der Pfalz zeigt schon im Duft deutlich die mütterliche Prägung: eine herrlich frische, Sauvignon-blanc-ähnliche Frucht, knackig strukturiert mit pikanter Säure und unerwarteter Länge. Ein Piwi mit Zukunftspotenzial!

Cabernet franc

[kaberneh frong]

SYNONYME Breton (F-Loire), Grosse-Vidure (F-St-Emilion, Pomerol), Bouchet, Trouchet noir, Bordo

HERKUNFT F-Bordeaux (Libournais)

VERBREITUNG Frankreich (Bordeaux, Loire, Südwesten), Italien, Deutschland, Argentinien, Australien, Brasilien, Chile, Kanada, Spanien, Südafrika, Ungarn, Kosovo, Kroatien, Österreich, Slowenien, Bulgarien

Weinstil: frisch-fruchtig bis aromatisch-komplex

Farbe: helleres Kirschrot bis dunkelkirschig

Körper: leicht bis mittelschwer

Säure: dezent bis pfeffrig

Aroma: Kirsche, Rote Johannisbeere, Kräuter

Essenspartner: Wildragout, Wurst, pikanter Käse

WISSENSWERTES Die Sorte wird gern mit der berühmten Cabernet Sauvignon verglichen. Klar, sie verfügt nicht über deren Power, Ausdruck und Alterungspotenzial, reift dafür aber früher und kommt mit kühlerem Klima besser zurecht – ein unschätzbarer Vorteil in unbeständigen, kalten Jahren, wenn die Cabernet Sauvignon nicht ausreift. Wer an den Fähigkeiten der Cabernet franc zweifelt, sollte einen Château Cheval Blanc probieren, den weltbesten Wein auf Cabernet-franc-Basis. Erschwinglichere Tropfen von immer noch herausragender Qualität findet man an der Loire: dunkel, reich und komplex mit herrlicher Beerenfrucht in der Region Chinon, leichter und geschmeidiger mit feiner Frucht nebenan in Saumur-Champigny. Im Übrigen sind sich die Rebsortenkundler von der Universität Davis in Kalifornien sicher, dass Cabernet franc ein Elternteil von Merlot ist, so wie Carmenère genetisch mit der Cabernet franc verwandt ist.

Cabernet franc

Cabernet Jura öko

[kaberneh jura]

ZÜCHTUNG Cabernet Sauvignon × Resistenzpartner

HERKUNFT Züchtung von Valentin Blattner, Schweiz

VERBREITUNG Schweiz, Deutschland (Pfalz, Baden)

- **Weinstil:** fruchtig, elegant
- **Farbe:** dunkelviolett
- **Körper:** Cabernet-typisch
- **Säure:** ausgeglichen
- **Aroma:** Cabernet-typisch mit Beerennote
- **Essenspartner:** Steak, Rehrücken, Schmorgemüse

BESONDERHEITEN Die Cabernet-Frucht und die kräftige, reife Tanninstruktur entspricht, im Barrique ausgebaut, dem internationalen fruchtigen Rotweinstil.

Cabernet Sauvignon

[kaberneh sowinjong]

SYNONYME Bidure, Bordeaux, Bordeos tinto (Spanien), Lafite (Russland), Cabernet-Sovinjon, Sauvignon rouge

HERKUNFT Cabernet franc × Sauvignon blanc

VERBREITUNG F-Bordeaux, Bulgarien, USA-Kalifornien, Chile, Australien, Rumänien, Italien, Südafrika, Spanien

- **Weinstil:** leicht und krautig bis reich, intensiv, komplex, elegant, lang anhaltend, edel
- **Farbe:** dunkel bis tiefdunkel; jung: dunkelviolett (wie Schwarze Johannisbeere), reif: rubinrot
- **Körper:** kräftig, die Besten mit viel Tannin
- **Säure:** recht hoch bis harmonisch
- **Aroma:** Cassis, Kirsche, Paprika
- **Essenspartner:** feine Rind- und Lammgerichte

WISSENSWERTES Die qualitativ erfolgreichste aller roten Edelreben wird weltweit auch mit Abstand am häufigsten angebaut. Winzer wie Weinfreunde lieben sie: Sie ist unkompliziert im Weinberg und bringt überall, in mäßig kühlen wie warmen (sogar heißen) Regionen, gute Qualität und in den besten Lagen Spitzenqualität bei gutem Ertrag. Die kleinen, hartschaligen, tiefdunklen Trauben trotzen vielen Krankheiten. Wenn sie voll ausreifen, werden aus dem beerig-würzigen Saft im Idealfall Weinträume. Für den Bordeaux-Verschnitt (→ S. 128) liefert Cabernet Sauvignon den Körper und das unverwechselbare Johannisbeeraroma. Wie kaum eine andere Rebsorte profitiert sie vom Ausbau im neuen Barrique. Die besten reinsortigen Cabernets wachsen in Übersee, ein weiterer Beweis für die Wandelbarkeit dieser großartigen Sorte.

Cabertin öko

[kabertin]

ZÜCHTUNG Cabernet Sauvignon × Resistenzpartner

HERKUNFT Züchtung 1991, Valentin Blattner, Schweiz

VERBREITUNG Schweiz, Deutschland (Pfalz, Baden)

Weinstil: kräftig, südlicher Typ

Farbe: dunkelrot

Körper: kräftig mit reifem Tannin

Säure: harmonisch

Aroma: Waldfrüchte, Brombeere, Johannisbeere

Essenspartner: Rinderbraten, Grillfleisch, Lamm

BESONDERHEITEN Wie der Name andeutet, ähnelt ein Cabertin vom Typ her einem Cabernet Sauvignon, aber auch dem Syrah, und eignet sich wegen seiner Tanninstruktur bestens für den Ausbau im Barrique.

Carignan

[karinjong]

SYNONYME Carignane (USA), Carignano (Italien), Sams, Cariñena (Spanien), Mazuelo (E-Rioja), Crujillon

VERBREITUNG Frankreich (Languedoc-Roussillon, Südrhône), Spanien (Rioja, Costa Brava, Priorat, Tarragona), Italien (Sardinien, Latium), USA-Kalifornien, Algerien, Mexiko

Weinstil: rustikal-streng bis kraftvoll mit würziger Fülle

Farbe: tiefdunkel

Weine: Côtes du Roussillon, Côtes du Rhône, Côtes du Ventoux, Carignano del Sulcis

Körper: mittel bis kräftig und tanninreich

Säure: hoch

Aroma: rote und schwarze Früchte, Wild, Kräuter

Essenspartner: Grillwurst, Schaschlik, Kebab, Lamm, Schmorgerichte, Linsen, Morcheln, Trüffel

BESONDERHEITEN Die mengenmäßig weltweit viertwichtigste Traube, oft Strukturgeber für weichere Sorten, kann von alten Reben mit winzigen Erträgen herausragende Qualität liefern. Kohlensäurevergorene *(macération carbonique)* Weine sind fruchtiger, lebendiger und oft geschmeidiger.

Carmenère

[karmenär]

SYNONYME Grande Vidure, Cabarnelle

VERBREITUNG Chile, wenig in Kalifornien und Bordeaux

Weinstil: vollmundig-geschmeidig

Farbe: dunkelviolett

Weine: Almaviva, Seña, Primus, Clos Apalta, Triple C

Körper: rund

Säure: niedrig

Aroma: Brombeere, Pflaume, Paprika, Sojasauce

Essenspartner: Ente, Gans, würzige Grilladen

BESONDERHEITEN Die pilzanfällige Sorte, einst in Bordeaux sehr wichtig (heute wieder vermehrt), stand in Chile lange unerkannt zwischen Merlot-Reben und wurde mit ihnen verwechselt. Ihre Weine verbinden im Idealfall Frucht mit geschmeidigem Körper.

Chardonnay

[schardonä]

SYNONYME Pinot Chardonnay, Morillon (A-Steiermark), Melon blanc, Gelber Weißburgunder (I-Südtirol)

HERKUNFT F-Burgund

VERBREITUNG Frankreich (Burgund, Champagne), Italien, Österreich, Kalifornien, Neuseeland, Australien, Ungarn

Weinstil: frisch-fruchtig bis füllig-schmeichelnd

Farbe: hell- bis honiggelb

Körper: mittel bis voll, manchmal alkoholstark

Säure: eher zurückhaltend, sanft

Aroma: Nuss, Keks, Brioche, Vanille, Honig, Blumen, exotische Anklänge, mineralisch

Essenspartner: helles Fleisch, Meeresfrüchte

WISSENSWERTES Wie die Cabernet Sauvignon wurde die Chardonnay als ihr weißes Pendant Weltenbummlerin mit bester Anpassungsfähigkeit, was zu massenhaftem Anbau führte und uns leider seit den 1990er-Jahren auch Unmengen langweiliger Weine bescherte. Selbst ihre Heimat Burgund, wo die großen weißen Burgunder einst den internationalen Erfolg begründeten und bis heute Maßstab geblieben sind, blieb davon nicht verschont. Grund für den weltweiten Boom sind neben ihrer Anpassungsfähigkeit ihr geschmeidiger Charakter und die sanfte Säure. Der oft höhere Alkoholgehalt bringt noch eine gewisse Süße ins Spiel, ergänzt von dem allseits beliebten, leicht rauchigen Eichenholzton durch den Ausbau im Barrique und den ebenso typischen Aromen Vanille, Honig und Karamell.

Chenin blanc

[schenä blong]

SYNONYME Pineau de la Loire, Pineau d'Anjou, Blanc d'Anjou, Franche, Franc-Blanc, Steen (Südafrika)

HERKUNFT F-Anjou

VERBREITUNG F-Loire (Anjou, Tourraine), Südafrika, USA-Kalifornien, Australien, Neuseeland, Argentinien, Uruguay, Brasilien, Mexiko, Chile, Israel

Weinstil: extra trocken bis edelsüß-komplex

Farbe: hellgelb bis zartes Goldgelb

Körper: duftig-leicht bis elegant-komplex

Säure: nervig

Aroma: Zitrone, Apfel, Aprikose, Quitte, Traube

Essenspartner: Fisch, Krustentiere, Ziegenkäse

BESONDERHEITEN Chenin blanc ist eine der vielseitigsten weißen Trauben der Welt und wie der Riesling selbst in vollreifen Trauben mit einer natürlich hohen Säure ausgestattet, was in kühleren Lagen an der Loire zum Problem werden kann. Doch Qualitätserzeuger kennen die Bedürfnisse der Sorte und ihre Vorliebe für kalkhaltige Böden in besten Lagen und werden belohnt: in Savennières mit trockenen, mineralisch-komplexen Weinen, in Vouvray, an den Coteaux du Layon oder in Quarts de Chaume mit halbtrockenen Weinen bis hin zu hochedlen Dessertweinen, die sehr alt werden können. Nicht zu vergessen die feinen Schaumweine von Saumur. In Südafrika belegt die Sorte als Steen fast 30% der Rebfläche. Dort ist sie die Basistraube von Destillaten sowie von einfachen milden oder lecker-fruchtigen trockenen Alltagsweinen, meist als Cuvée mit Chardonnay und/oder Sauvignon blanc. Australier und Neuseeländer legen sie für seriöse Dessertweine ins Holzfässchen.

Chenin blanc

Cinsaut

[sengsoh]

SYNONYME Cinsault, Hermitage, Black Malvoisie

VERBREITUNG Frankreich (Languedoc, Côtes du Rhône, Châteauneuf-du-Pape, Provence), Südafrika, I-Apulien

Weinstil: rustikal-leicht bis fruchtig-kräftig

Farbe: hagebuttentönig

Weine: Châteauneuf-du-Pape, Provence rouge

Körper: rustikal bis rund

Säure: gering

Aroma: nussig (Mandeln), Kirsche, Kräuter

Essenspartner: Schinken, Wurst, Huhn, Grillfleisch

BESONDERHEITEN Anpassungsfähiger und beliebter Cuvéepartner mit Grenache, Carignan und Mourvèdre.

Colombard

[kolombar]

SYNONYME Colombar, Columbard, French Colombard

VERBREITUNG Frankreich (Gascogne, Bordeaux), Südafrika, USA-Kalifornien, Australien

- **Weinstil:** aromatisch-fruchtig, säurebetont
- **Farbe:** strohgelb
- **Weine:** Vin de pays des Côtes de Gascogne
- **Körper:** leicht bis alkoholreich
- **Säure:** frisch
- **Aroma:** Nektarine, Pfirsich, Limone
- **Essenspartner:** Süßwasserfisch, Quiche, pikante Fischsuppe (Bouillabaisse), Taboulet, Pute

BESONDERHEITEN Moderne Kellertechnik, besonders die temperaturgesteuerte Vergärung im Edelstahltank, trug entscheidend dazu bei, vor allem in Übersee aus den wenigen Stärken der Sorte – kräftige Säure und ein sehr fruchtiges Aroma – eine Erfolgsstory zu machen.

Cortese

[kortese]

SYNONYME Cortese dell'Astigliano, Corteis, Cortese d'Asti, Fernanda bianca, Raverusto

VERBREITUNG Italien (Piemont, Lombardei [Oltrepò Pavese], Venetien)

- **Weinstil:** fruchtig und säurebetont
- **Farbe:** grüngelb
- **Weine:** Gavi, Gavi di Gavi, Cortese dell'Alto Monferrato, Colli Tortonesi, Bianco di Custoza

Körper: leicht

Säure: hoch

Aroma: Limone, Zitrone, Blütenhonig

Essenspartner: Süßwasserfisch mit Zitronensauce

BESONDERHEITEN Weit überschätzt im Vergleich zu Arneis und Favorita, den besseren Weißweinsorten des Piemont, boomte Cortese als Gavi di Gavi vom Weingut La Scolca. Kommt der Wein nicht aus der Nähe des Ortes Gavi, steht auf dem Etikett Cortese di Gavi.

Corvina

[korwina]

SYNONYME Corvina gentile, Corvina nera, Corvina veronese, Corvinone, Cruina

VERBREITUNG Italien (Venetien, Lombardei, Gardasee), Argentinien

Weinstil: duftig-leicht und finessenreich, wenig Tannin

Farbe: schönes Rubinrot

Weine: Valpolicella, Bardolino, Amarone della Valpolicella, Recioto della Valpolicella, Ripasso

Körper: mittel

Säure: elegant

Aroma: Mandel, Süßkirsche, Reineclaude

Essenspartner: Sommersalat mit gegrilltem Fisch, Pute, Vitello tonnato, Gemüse-Antipasti

BESONDERHEITEN Im Trio mit der robusten Rondinella und der freundlich-molligen Molinara sorgt Corvina als dominierende Sorte von Valpolicella und Bardolino für Finesse, Duftigkeit und Charakter.

Dolcetto

[dolltschetto]

SYNONYME Dolsin, Dolsin nero, Ormeasco (I-Ligurien), Douce noire (F-Savoyen), California Charbono

VERBREITUNG Italien (Piemont, Ligurien), Argentinien, F-Savoyen, USA-Kalifornien

Weinstil: fröhlich-fruchtig bis beerig-intensiv

Farbe: rubin- bis purpurrot

Weine: Dolcetto d'Alba, Dolcetto d'Asti, Dolcetto di Dogliani, Dolcetto di Ovada

Körper: mittel

Säure: sanft

Aroma: Mandel, Süßkirsche, Süßholz, Pflaume

Essenspartner: würzig-scharfe Gerichte wie Chili con carne, Pasta all'arrabbiata, Pizza, Pfeffersalami

BESONDERHEITEN Der »kleine Süße« (ital. Dolcetto) schmeckt jung am leckersten. Sein geringer Tanningehalt lässt ihn nicht besonders gut altern. Weine von ertragsreduzierten Toplagen haben mehr Rückgrat, halten länger durch und profitieren zudem vom Ausbau im kleinen Eichenfass (Barrique). Dennoch sind sie vor allem fröhlich-fruchtige Essensbegleiter.

Dornfelder

[dornfelder]

SYNONYME keine

VERBREITUNG Deutschland

Weinstil: zart-fruchtig bis würzig-markant

Farbe: dunkelrot bis blaurot

Weine: Dornfelder

Körper: mittel

Säure: kräftig

Aroma: je nach Reife Sauer- oder Süßkirsche

Essenspartner: Schnitzel, Wurst, Kaninchen, Pizza

BESONDERHEITEN Die ertragreiche Sorte ist pflegeleicht, recht widerstandsfähig gegenüber Pilzkrankheiten und kommt selbst in Lagen zur Reife, wo Sorten wie Pinot noir schwächeln. Ihre Weine sind unkompliziert und schmecken köstlich fruchtig. Die Besten gewinnen durch den Ausbau im Holzfass.

Elbling

[elbling]

SYNONYME Weißer Elbling, Kleinberger, Alben, Elben, Grobriesling, Großriesler, Welschel, Räifrench (Luxemburg), Gros blanc, Burger (F-Elsass, Schweiz)

VERBREITUNG Deutschland (Mosel, Baden), Luxemburg

Weinstil: herb bis fein-fruchtig

Farbe: blassgelb

Weine: Elbling (Obermosel), Elblingsekt

Körper: leicht bis mittelkräftig

Säure: rassig bis sehr knackig

Aroma: grüner Apfel, Weinbergpfirsich, Zitrone

Essenspartner: Spargel, Tofu, Sellerie, Forelle

BESONDERHEITEN Die Römer brachten die Sorte an die Mosel (lange Nummer eins in Luxemburg). Gelingt es, die robuste Säure zu zähmen und den Ertrag zu mindern, erbringt sie angenehme Still- und Schaumweine.

Frühburgunder

[frühburgunder]

SYNONYME Blauer Frühburgunder, Clevner (D-Württemberg), St. Jakobstraube, Frühblaue, Madeleine noire

VERBREITUNG Deutschland (Rheinhessen, Pfalz, Ahr, Württemberg), Österreich, Luxemburg, Frankreich, Italien, Schweiz

Weinstil: Elegant-würzig, füllig-samtig

Farbe: meist dunkelrot

Weine: Frühburgunder, Blauer Frühburgunder

Körper: samtig-füllig, extraktreich, lang anhaltend

Säure: niedrige, harmonische Säure

Aroma: Süßkirsche, Brombeere, Johannisbeere, Erdbeere, leicht orientalisch

Essenspartner: Wild, würzige Fleischgerichte

BESONDERHEITEN Kleinbeerige enge Verwandte des Spätburgunders. In den 1960er-Jahren fast verschwunden, wurde sie durch einige Topwinzer und aufkeimendes Qualitätsbewusstsein gerettet. Sie kann köstliche, nicht nur im Holzfass ausgebaute Weine erbringen.

Furmint

[furmint]

SYNONYME Luttenberger, Gelber Furmint, Tokaisky, Moslovac bijeli, Sipon (Slowenien, Kroatien), Mosler

VERBREITUNG Ungarn (Tokaj-Hegyalja), Rumänien, Kroatien, Moldawien, Slowenien (Ljutomer)

Weinstil: harmonisch-frisch bis komplex-süß

Farbe: sonnengelb bis goldgelb

Weine: Tokajer (Cuvée mit Hárslevelű und Muscat blanc à petits grains), Tokaji Furmint

Körper: leicht-rassig bis extraktreich-komplex

Säure: hoch

Aroma: Zitrone, Lindenblüte, Kamille, Orange

Essenspartner: Aperitif, pikantes Gemüse, Huhn

BESONDERHEITEN Als Hauptsorte des berühmten Süßweins Tokajer erbringt sie schon lange wahre Juwelen. Trocken ausgebaute Weine von Toplagen sind weniger bekannt, aber sicherlich eine Entdeckung wert.

Gamay

[gamäh]

SYNONYME Bourguignon noir, Gamay noir à jus blanc, Gamay rond, Game, Olivette, Frankinja crna, Goamez

VERBREITUNG vor allem F-Beaujolais, F-Loire, Italien, Schweiz (Wallis, Waadt), Bulgarien, USA-Kalifornien

Weinstil: leicht-säuerlich bis elegant-fruchtig

Farbe: hellpurpur mit violetten Reflexen

Weine: Beaujolais, Gamay de Touraine, Dôle, Salvagnin

Körper: leicht bis mittelschwer

Säure: frisch

Aroma: Banane, Veilchen, Erdbeere, Kirsche

Essenspartner: Roastbeef, fetter Kuhmilchkäse, Tatar, Wiener Schnitzel, Coq au vin, Schinken

BESONDERHEITEN Als Hauptrebsorte des Beaujolais Primeur, In-Getränk der 1980er-Jahre, wurde sie berühmt. Weit aufregender sind die mineralisch-fruchtigen, meist eleganten Weine aus den zehn Cru-Lagen.

Garganega

[garganega]

SYNONYME Gargana, Grecanico, Ostesona, D'Oro

VERBREITUNG Italien (Venetien, Lombardei, wenig in Friaul und in Umbrien)

Weinstil: geradlinig-unkompliziert bis trocken-elegant, manchmal komplex

Farbe: helles Goldgelb

Weine: Soave, Recioto di Soave, Bianco di Custoza, Gambellara, Colli Berici, Colli Euganei

Körper: leicht

Säure: spritzig

Aroma: Wiesenblumen, Apfel, Birne

Essenspartner: Meeresfrüchtesalat, helles Fleisch mit leichten Saucen, Sommersalate

BESONDERHEITEN Garganega plus 30% Trebbiano und/oder Pinot bianco und/oder Chardonnay ergibt Soave, Venetiens berühmtesten Wein, auch in den höheren Qualitäten Soave Classico und Soave Superiore.

Garnacha

[garnatscha]

SYNONYME Grenache noir, Alicante (I-Toskana), Tocai rosso, Cannonau (I-Sardinien), Guarnaccia (I-Ischia), Tinto aragones, Roussillon, Garnatxa (E-Katalonien)

VERBREITUNG Spanien, Südfrankreich, Süditalien, Argentinien, Kalifornien, Australien, Algerien, Marokko

Weinstil: samtig-trocken bis aromatisch-füllig

Farbe: dunkles Rubinrot mit granatroten Reflexen

Weine: Côtes du Rhône, Châteauneuf-du-Pape, Côtes du Roussillon, Banyuls (Frankreich), Priorat, Rioja (Spanien)

Körper: körperreich mit viel Alkohol

Säure: mild

Aroma: Pfeffer, Himbeere, Süßholz, Anis

Essenspartner: Ratatouille, Lamm, Grillfleisch

BESONDERHEITEN Im edlen Banyuls spielt die weltweit drittwichtigste Sorte eine vielgestaltige Hauptrolle. Bei Minierträgen wie im spanischen Priorat erbringt sie opulente, ausdrucksstarke Weine mit Kultstatus.

Gelber Muskateller

[gelber muskateller]

SYNONYME Muskateller, Moscato bianco, Goldmuskateller, Muscat blanc, Muscat de Frontignan, Muskuti

VERBREITUNG Bulgarien, Griechenland, Italien, Spanien, Türkei, Portugal, Ungarn, Kroatien, Brasilien

Weinstil: leicht-fruchtig und aromatisch

Farbe: zartes Gelb

Weine: Gelber Muskateller, Muscat blanc, Muscat de Frontignan

Körper: mittel

Säure: frisch

Aroma: reife Trauben, Rose, Bergamotte

Essenspartner: trocken: Aperitif, Fingerfood; restsüß: Geflügelterrine, Edelpilzkäse, Pâtisserie

BESONDERHEITEN Weine in vielen Varianten, von duftig-trocken bis wuchtig und restsüß oder schäumend (Moscato d'Asti). Top als Muscat de Frontignan.

Glera

[glera]

SYNONYME Prosecco, Ghera, Serprina, Glere, Proseko

VERBREITUNG Italien (Venetien, Friaul, Lombardei)

- **Weinstil:** zart-frisch, mildfruchtig und alkoholarm
- **Farbe:** strohgelb
- **Weine:** Conegliano Valdobbiadene Prosecco Superiore, Prosecco del Veneto, Prosecco di Treviso, Prosecco del Friuli, Prosecco di Trieste, Superiore di Cartizze, Superiore di Rive
- **Körper:** leicht
- **Säure:** frisch
- **Aroma:** gelber Apfel, Birne, nussig, blumig
- **Essenspartner:** Aperitif, Fingerfood

BESONDERHEITEN Bis 2009 hieß die Glera Prosecco. Frizzante (Perlwein) und Spumante (Schaumwein), ob trocken oder restsüß, müssen immer 85 % Glera enthalten. »Tranquillo« auf dem Etikett steht für Stillwein.

Godello

[godeijo]

SYNONYME Agodello, Berdello, Ojo de Gallo

VERBREITUNG E-Galizien (vor allem Valdeorras, auch Monterrei, Ribeira Sacra, Ribeiro), E-Kastilien (Bierzo)

- **Weinstil:** gehaltvoll, körperreich mit Säure
- **Farbe:** grüngelb bis goldgelb
- **Weine:** Guitián Blanco, Gaba do Xil
- **Körper:** extraktreich, vollmundig

Säure: hoch

Aroma: frische Zitrone, Rosenblätter, grüner Apfel, tropische Früchte, leicht rauchig

Essenspartner: Tintenfisch, Meeresfrüchte

BESONDERHEITEN Godello, eine der herausragendsten Weißweinsorten Spaniens mit einem riesigen Potenzial für unverwechselbare Weinqualität, ist dennoch nur innerhalb enger regionaler Grenzen beheimatet. In der rauen Region Valdeorras entwickelt sie Mineralität, tolle Struktur, elegante Kraft und Länge.

Graciano

[grathiano, wie engl. »th«]

SYNONYME Bastardo nero, Cagnulari (I-Sardinien), Morrastel (Frankreich), Graciana (Argentinien), Xeres (Australien, Neuseeland, Kalifornien), Tinta miúda

VERBREITUNG Spanien (Navarra, Rioja), I-Sardinien, F-Languedoc-Roussillon, Bulgarien, Argentinien, Brasilien, Tunesien, Algerien

Weinstil: kräftig-markant mit Gerbstoff und Säure

Farbe: intensiv-dunkelrot

Weine: Navarra, Rioja, Ribera del Guadiana, Somontano, Valencia (Spanien), Alghero (Italien)

Körper: fest strukturiert

Säure: kräftig

Aroma: Heidelbeere, Johannisbeere, balsamisch

Essenspartner: Wildente, Wild, Schmorgerichte

BESONDERHEITEN Graciano, eine alte Sorte in Nordspanien, bringt wenig Ertrag, dafür aber Weine mit Charakter, Extrakt und Struktur, wovon in der Cuvée schon so mancher schwache Rioja profitiert hat.

Grauburgunder

[grauburgunder]

SYNONYME Grauclevner, Ruländer (Österreich), Pinot gris, Tokay Pinot gris (F-Elsass), Pinot grigio (Italien), Malvoisie (CH-Wallis), Szürkebarát (Ungarn)

HERKUNFT F-Champagne

VERBREITUNG Deutschland, Frankreich (Elsass, Champagne, Burgund), Italien, Schweiz, Ungarn, USA

- **Weinstil:** trocken-blumig bis aromatisch-reich
- **Farbe:** gelb bis goldgelb
- **Körper:** mittel bis rund-füllig
- **Säure:** niedrig
- **Aroma:** reifer Apfel, Wiesenblumen, Mandel, Honig
- **Essenspartner:** Pasta, Kalb, Geflügel, Forelle

WISSENSWERTES Mit dem Erfolg des Pinot grigio kam der Wandel: Aus dem plump-süßen Ruländer wurde hierzulande der trockene, frisch-fruchtige Grauburgunder. Je früher gelesen wird, umso spritziger, aber auch umso neutraler kann er schmecken. Erntet man später, entstehen herrlich aromatische, körperreiche, trocken oder leicht restsüß ausgebaute Weine. Die Edelsüßen, wie sie vor allem im Elsass als *vendange tardive* (Spätlese) vorkommen, schmecken köstlich zu pikantem Schimmelkäse.

Grenache blanc

[grenasch blong]

SYNONYME Garnacha blanca, Garnatxa, Silla blanc

VERBREITUNG Frankreich (Côtes du Rhône, Roussillon, Châteauneuf-du-Pape), Nordspanien

Grauburgunder

Weinstil: alkoholisch bis schmelzig-extraktreich

Farbe: helles Goldgelb (oxidiert schnell)

Weine: Châteauneuf-du-Pape Blanc (Cuvée), Côtes du Rhône Blanc, Rivesaltes Vin Doux Naturel

Körper: füllig und schmelzig

Säure: sanft

Aroma: Rosmarin, Lavendel, Feige, Honig

Essenspartner: gegrillter Meeresfisch, Couscous mit Lamm, Rotbarbe, Hähnchencurry

BESONDERHEITEN Die weiße Schwester der qualitativ erfolgreicheren roten Garnacha verfügt über einen runden, fülligen Körper, ein Vorzug, den sie gern in Cuvées ausspielt. Verwendet man nur Trauben alter Rebstöcke, kann sie auch solo außerordentlich beeindrucken.

Grüner Veltliner

[grüner veltliner]

SYNONYME Weißgipfler, Grüner, Grünmuskateller, Manhardsrebe, Mouhardsrebe, Veltlini (Ungarn), Veltlinske zelené (Tschechien), Zöldveltelini

VERBREITUNG Österreich, Tschechien, Ungarn, Rumänien, Slowakei, USA, Australien, Neuseeland

- **Weinstil:** pfeffrig-spritzig bis komplex-extraktreich
- **Farbe:** gelb mit grünen Reflexen
- **Weine:** Grüner Veltliner, Veltlini (Ungarn)
- **Körper:** mittel
- **Säure:** frisch bis komplex
- **Aroma:** Pfeffer, Kräuter, Paprika, Pfirsich, Honig
- **Essenspartner:** Kalb, Kaninchen, würziger Fisch mit Kräutern, Grillhähnchen, Wiener Schnitzel

BESONDERHEITEN Mit ihrem von Lage und Boden abhängigen Spektrum von leicht-frisch bis vielschichtig-elegant-kraftvoll, dem typischen »Pfefferl«-Aroma und ihrer enormen Alterungsfähigkeit zählt die »österreichischste« Sorte qualitativ absolut zur Weltspitze.

Gutedel

[gutedel]

SYNONYME Chasselas, Moster, Junker, Schönedel, Fendant (CH-Wallis), Perlan (CH-Genfer See), Dorin (CH-Waadt), Marzemina bianca, Biela pleminka praskava

VERBREITUNG Deutschland, CH (Wallis, Waadtland, Genfer See), F (Loire, Savoyen), Tschechien, Chile, Slowenien, Rumänien, USA-Kalifornien

Weinstil: lebendig, leicht und frisch-fruchtig

Farbe: gelbgrün

Weine: Gutedel, Fendant, Dorin, Dézaley, Epesses

Körper: leicht

Säure: mittel bis lebendig

Aroma: Mandel, weiße Blüten, Blütenhonig

Essenspartner: Käsefondue, heller Fisch, Scampi, Languste, pochiertes Rindfleisch, Gruyère, Raclette

BESONDERHEITEN Je nach Standort und Winzer reicht ihr Spektrum vom schlichten Alltagswein bis zum subtil-komplexen, alterungsfähigen Tropfen aus Toplagen (Kalk- oder Granitboden in der Schweiz).

Hárslevelű

[haarschlewelü]

SYNONYME Lindenblättrige, Lipovina, Hachat Lovelin

VERBREITUNG Ungarn (Villány, Kunbaja, Baja), Slowakei, Tschechien, Südafrika

Weinstil: würzig-elegant, delikat

Farbe: gelbgrün bis grüngolden

Weine: Debröi Hárslevelű, Tokaji Aszú

Körper: mittel bis körperreich

Säure: leicht

Aroma: Lindenblüte, Pampelmuse, duftig

Essenspartner: Kalbsbraten, Süßwasserfisch mit würzig-pikanter Sauce, Weichkäse

BESONDERHEITEN Als eine der Topsorten Ungarns gibt sie dem Tokajer Körper und Würze und zeigt auch reinsortig ihre besondere Klasse. Eine Entdeckung wert!

Huxelrebe

[huxelrebe]

SYNONYME Zuchtnummer Az 3962

VERBREITUNG Deutschland (vor allem Rheinhessen, Nahe, Pfalz), Österreich, Brasilien, Kanada, Dänemark, Frankreich, Italien, Südafrika, Slowakei, England

- **Weinstil:** rassig-fruchtig
- **Farbe:** mittleres Gelb
- **Weine:** Huxelrebe
- **Körper:** füllig-elegant
- **Säure:** lebendig, rassig
- **Aroma:** Aprikose, Pfirsich, Passionsfrucht, Mango, Rhabarber, Melone, Honig, Muskatnote
- **Essenspartner:** Blauschimmelkäse, Kalbsragout, Geflügelgerichte asiatisch, Crème brûlée

BESONDERHEITEN Reduziert der Winzer den Ertrag, können charaktervolle Weine mit herrlich vitaler Säure entstehen, die im Bestfall gut altern können. Empfehlenswert: Auslesen und edelsüße Weine.

Johanniter

[johanniter]

ZÜCHTUNG Riesling × (Seyve-Villard 12-481 × (Ruländer × Gutedel))

HERKUNFT Züchtung 1968 von Dr. Johannes Zimmermann, Staatliches Weinbauinstitut Freiburg (Baden)

VERBREITUNG Deutschland, Schweiz, Österreich

- **Weinstil:** fruchtig-füllig
- **Farbe:** grüngelb

Körper: rund und angenehm

Säure: mittel

Aroma: Apfel, Birne, Ananas, Anis, Grapefruit

Essenspartner: Königsberger Klopse, Käsefondue, Putenbraten, Quiche Lorraine

BESONDERHEITEN Johanniter wurde bereits 1968 gezüchtet und konnte sich schon vielfach beweisen. Sie gilt als eine der besten pilzwiderstandsfähigen Sorten und ist frostfest. Ihre Verwandtschaft mit dem Riesling (Mutter der Kreuzung) kann sie nicht leugnen. Am Gaumen ähnelt sie eher einem Ruländer.

Juhfark

[juchfark]

SYNONYME Bacso, Balatono Szölö, Dünnschalige, Papai

VERBREITUNG Ungarn (Somló)

Weinstil: vital und kraftvoll

Farbe: gelb-gold mit grünlichen Reflexen

Weine: Juhfark

Körper: vielschichtig-kraftvoll-elegant

Säure: vibrierend

Aroma: gelbes Steinobst, Feuerstein, Walnuss

Essenspartner: Geflügel, würziger Hartkäse

BESONDERHEITEN Juhfark (Lämmerschwanz), nach der Form ihrer Trauben benannt, ist zwar fast ausgestorben, aber großartig: Auf den Vulkanböden in der ungarischen Region Somló gedeihen lebendige, mineralische, intensive Weine mit Feuersteinnote und langem Finale, ähnlich einem Pouilly-Fumé von der Loire.

Kadarka

[kadarka]

SYNONYME Gamza (Bulgarien), Cadarca (Rumänien), Blaue Ungarische, Nemes Kadarka (Ungarn), Sirena

VERBREITUNG Ungarn (Villány, Szekszárd), Österreich, Serbien (Wojwodina), Mazedonien, Rumänien, Bulgarien, Albanien

Weinstil: körperreich mit Kraft und Tannin

Farbe: dunkles Kirschrot

Weine: Szekszárd Kadarka, Cadarca, Egri Bikavér

Körper: mittel

Säure: ausgeglichen

Aroma: Kirsche, Pflaume

Essenspartner: herzhaftes Paprikagulasch, Paprikawurst, Grillfleisch

BESONDERHEITEN Die ehemals wichtigste Sorte des Stierbluts (Egri Bikavér) wird zunehmend von Kékfrankos (Blaufränkisch) verdrängt, weil die Kadarka spät reift und fäulnisanfällig ist. Erlangen die Trauben ihre volle Reife, sind jedoch ausdrucks- und gehaltvolle, haltbare Weine von Topqualität möglich.

Kerner

[kerner]

SYNONYME Herold Triumph, Herold weiß

VERBREITUNG Deutschland, I-Südtirol, Südafrika, Schweiz

Weinstil: aromatisch-ausgeglichen

Farbe: sonnengelb

Weine: Kerner

Körper: mittel

Säure: angenehm

Aroma: Apfel, Birne, Wiesenblumen, Ananas

Essenspartner: pochierter Lachs, Forelle Müllerin, Wurstplatte, Hartkäse, Fisch- und Fleischpasteten

BESONDERHEITEN Winzer mögen die Kreuzung (Trollinger × Riesling), weil sie praktisch überall bei gleichmäßig guten Erträgen reift. Weinfreunde mögen sie, weil sie bei Ertragsbeschränkung dem Riesling ähnelt.

Lagrein

[lagrein]

SYNONYME Lagrain, Lagarino, Lagrein Kretzer

VERBREITUNG I-Südtirol, D-Pfalz, D-Rheinhessen

Weinstil: kraftvoll mit gut eingebundenem Tannin

Farbe: tiefdunkel (Lagrein scuro)

Weine: Lagrein scuro (Dunkel), Lagrein rosado (Kretzer)

Körper: gehaltvoll

Säure: mittel

Aroma: Pflaume, Brombeere, Weichselkirsche, Lakritze, Veilchen, Mokka

Essenspartner: Ochsenschwanz, Lamm, Rind, Wild, Steak, Kotelett, Parmaschinken, Wurst

BESONDERHEITEN Südtirols älteste Rebsorte ist frostfest, ertragssicher und wegen ihrer dunklen Farbe gut geeignet für Cuvées. Es gibt sie in den Varianten rosé (Lagrein Kretzer) und rot (Lagrein Dunkel). Die gehaltvollsten Roten profitieren vom Barrique-Ausbau.

Lambrusco

[lambrusgo]

SYNONYME Andre, Crovin, Moreto, Nerano, Stupet

VERBREITUNG Italien (Emilia-Romagna, Lombardei, Piemont, Südtirol, Trentino, Basilikata), Argentinien

- **Weinstil:** trocken-fruchtig oder als Schaumwein
- **Farbe:** helleres Kirschrot
- **Weine:** Lambrusco di Sorbara, Lambrusco Reggiano, Lambrusco Grasparossa di Castelvetro, Lambrusco Salamino di Santa Croce
- **Körper:** robust
- **Säure:** reichlich
- **Aroma:** Süßkirsche, Banane, Veilchen
- **Essenspartner:** Pizza, Pasta bolognese

BESONDERHEITEN Schon die Römer kannten diese alte Sorte, die als fruchtsüßer Spumante (Schaumwein) bzw. Frizzante (Perlwein) in aller Welt bekannt ist.

Loureiro blanco

[lurrero blanko]

SYNONYME Arinto, Branco redondo, Dorado, False Pedro, Gallego dourado, Loureira (Spanien), Marques

VERBREITUNG Portugal (Azoren, Douro, Minho, Oeste, Ribatejo), Spanien (Rías Baixas, Ribeira Sacra, Ribeiro)

- **Weinstil:** aromatisch-frisch
- **Farbe:** grüngelb
- **Weine:** Vinho Verde, Rías Baixas, Ribeiro
- **Körper:** mittel
- **Säure:** frisch

Aroma: Lorbeer, Zitrus, Grapefruit

Essenspartner: Gemüsesalat, Meeresfrüchte

BESONDERHEITEN Wein von den Küstenregionen Portugals kann einem jungen Riesling ähneln. In Rías Baixas zeigt die Sorte Biss und ist leichter. Im Vinho Verde, im Mix mit Trajadura und Pedernã, bleibt sie bei zu hohen Erträgen unter ihren Möglichkeiten.

Macabéo

[macabäo]

SYNONYME Maccabeu, Viura (E-Rioja), Lardot, Blanca de Daroca, Alacanon, Alcañol, Charas blanc, Maccabéo

VERBREITUNG Spanien (Penedès, Rioja, Rueda), F-Roussillon, Algerien, Marokko, Argentinien

Weinstil: leicht und zart-fruchtig

Farbe: strohgelb

Weine: Cava, Tarragona, Rueda, Penedès Blanco, La Mancha Blanco, Côtes du Roussillon Blanc, Rivesaltes, Vin Doux Naturel

Körper: leicht

Säure: angenehm

Aroma: blumig, Apfel, Zitrone, Kräuter

Essenspartner: Salade niçoise, Muscheln, Paella, gegrillter Fisch, Fischsuppe (Bouillabaisse)

BESONDERHEITEN Die wichtigste Rebsorte in Nordspanien verleiht, frühzeitig geernet, den Cavas aus Penedès junge Frucht. In Rueda schleift sie im Mix mit Verdejo dessen Ecken und Kanten und liefert im Rioja die Basis für leichte, kräuterduftige Weine. Die Besten aus niedrigem Ertrag, reinsortig oder als Cuvée, eignen sich gut für den Ausbau im kleinen Holzfass.

Malbec

[mallbäck]

SYNONYME Auxerrois (F-Cahors), Côt (F-Loire, Haut-Pays), Malbeck (Argentinien), Gros noir, Tinturin, Pressac (F-Bordeaux)

HERKUNFT vermutlich F-Cahors

VERBREITUNG Frankreich (Cahors, Südwesten, Bordeaux, Loire), Argentinien, Chile, USA, Bolivien

Weinstil: rustikal-tanninreich bis würzig-kraftvoll

Farbe: dunkelrot bis tintenschwarz

Körper: kraftvoll mit festem Tannin

Säure: mittel bis hoch

Aroma: Lorbeer, Pflaume, Tabak, Trüffel, würzig, erdig, Bitterschokolade, Wacholder

Essenspartner: Grill-, Schmor- und Pilzgerichte

WISSENSWERTES Als Pressac bewurzelte sie bis zum Frost 1956 noch weite Flächen in Bordeaux und wurde dann langsam von der fruchtigeren Merlot verdrängt, weil sie kühles, feuchtes Klima nicht gut verträgt. In Cahors hingegen spielt sie mit den 70% in der Cuvée, meist mit Merlot, die Hauptrolle und erbringt im Idealfall außergewöhnliche Weine – tintig schwarze, langlebige Kraftprotze von muskulös-würziger Intensität. Voll im Trend liegen die sanfteren, üppigen Malbecs aus den wärmeren Gefilden, vor allem Argentinien, wo die Rebe mehr Fläche bedeckt als in ganz Europa.

Malvasia

[malwasija]

SYNONYME Malvoisie, Malmsey (P-Madeira), Malvasia del Chianti, Malvasia rossa, Blanca-Rioja

Malbec

VERBREITUNG Italien, Spanien, P-Madeira, Slowenien, USA-Kalifornien, Australien, Brasilien, Kroatien, Korsika, Kanarische Inseln, CH-Wallis

- **Weinstil:** duftig-leicht bis vollmundig-aromatisch
- **Farbe:** gelb-gold bis goldfarben
- **Weine:** Malvasia Toscana, Madeira Malmsey, Vin Santo
- **Körper:** mittel bis ausgeprägt
- **Säure:** dezent bis lebendig
- **Aroma:** Pfirsich, Aprikose, Muskat, Schokolade
- **Essenspartner:** Blauschimmelkäse, Fruchtdesserts

BESONDERHEITEN Malvasia ist eher der Sammelbegriff für viele Familienmitglieder, die aromatische Weine diverser Farbnuancen mit mehr oder weniger Säure hervorbringen – einige mit viel Charakter wie der Malmsey von Madeira oder Vin Santo aus der Toskana.

Manto negro

[manto negro]

SYNONYME Cabelis, Mantuo negro, Moll, Prensal

VERBREITUNG E-Binissalem (Mallorca)

Weinstil: elegant-leicht bis langlebig-körperreich

Farbe: mittleres Kirschrot

Weine: 50% enthalten in Rotwein D.O. Binissalem

Körper: mittel bis schwer und extraktreich

Säure: harmonisch

Aroma: Brombeere, Cassis, Feige, Granatapfel

Essenspartner: Grillfisch, Lamm, Tapas

BESONDERHEITEN Bekannteste autochthone Sorte der Balearen. In der DO Binissalem (Mallorca) sind mindestens 50% Anteil (mit Callet, Tempranillo, Cabernet Sauvignon, Syrah oder Merlot) Vorschrift. Sortenrein, von alten Reben, zeigt sie noch mehr Potenzial.

Marsanne blanche

[marsann blongsch]

SYNONYME Avilleran, Champagne Piacentina, Roussette grosse (F-Savoyen), Ermitage blanc (CH-Wallis), Johannisberg, Metternich, Rousseau, Zrmitazh

VERBREITUNG Frankreich (Rhône, Languedoc, Provence) CH-Wallis, Italien, Spanien, Südafrika, Australien (Victoria), USA-Virginia

Weinstil: rund und körperreich

Farbe: mittleres Goldgelb

Weine: Hermitage Blanc, St-Joseph Blanc, Crozes-Hermitage Blanc, Coteaux du Languedoc Blanc,

Minervois Blanc, Côtes du Rhône Blanc, Bandol Blanc, Faugères Blanc, Côtes du Vivarais Blanc

Körper: reich und voll bis schwer

Säure: mild

Aroma: Pfirsich, Akazienhonig, Limonenkonfitüre, Mandeln, Jasmin, Lindenblüte

Essenspartner: Geflügel, Hummer, Lachs, Languste, Innereien, Brathähnchen, pikanter Käse

BESONDERHEITEN Von der Nordrhône bis in den Mittelmeerraum ist sie zusammen mit Roussanne die Topsorte der weißen Kraftpakete mit hohem Alterungspotenzial. Reinsortig oder in Cuvées mit Grenache, Roussanne und Viognier verleiht sie den Weinen Fülle und Aroma und wirklich einen wahren Charakter.

Mencía

[mennthia, wie engl. »th«]

SYNONYME Loureiro tinto, Negra, Tinto mollar

VERBREITUNG Spanien (Bierzo, Valdeorras, Rías Baixas)

Weinstil: straff-fruchtig-komplex, edel

Farbe: helles bis dunkles Kirschrot

Weine: Pétalos del Bierzo, Corullón

Körper: gut strukturiert

Säure: harmonisch

Aroma: Süßkirsche, Waldbeeren, kräuterwürzig

Essenspartner: Rinderbraten mit Semmelknödeln

BESONDERHEITEN Mencía (in Portugal Jaén du Dão) braucht kühle Lagen und mag Schieferböden. Dort erbringt sie mineralische, komplexe Weine mit samtigem Tannin und eleganter Frucht.

Merlot

[merloh]

SYNONYME Alicante noir, Bigney, Petit Merle, Vitraille, Crabutet, Merlaut noir (Slowenien), Merlott (Italien)

HERKUNFT F-Bordeaux als Crabatur noir

VERBREITUNG Frankreich (vor allem Bordeaux), Italien (Friaul, Toskana), CH-Tessin, USA (Kalifornien, Washington State), Südafrika, Argentinien, Chile, Deutschland, Kroatien, Moldawien, Bulgarien, Rumänien

- **Weinstil:** weich-saftig-fruchtig bis üppig-fruchtig und vielschichtig
- **Farbe:** mittelrot bis dunkelkirschrot
- **Körper:** mittel bis füllig-rund, samtiger Gerbstoff
- **Säure:** harmonisch
- **Aroma:** Cassis, Brombeere, Süßkirsche, Pflaume, Früchtekuchen, Schokolade, Paprika
- **Essenspartner:** Wild, Schmorgerichte, Hartkäse

WISSENSWERTES Der Name soll sich von *merle* (frz. Amsel) ableiten, weil diese Vögel die süßen, saftigen Beeren besonders lecker finden. Überhaupt ist Merlot eine der schmackhaftesten Sorten weltweit und bestens für den Ausbau im Eichenholz geeignet. Ein sanfter Verführer mit reifer Säure und herrlich beerig-süßem Mundgefühl – ganz anders als der kräftige, tanninreichere Cabernet Sauvignon. Doch beide zusammen im Mix, manchmal noch mit Cabernet franc als Drittem im Bunde oder ein bisschen Petit Verdot, haben als Bordeaux-Cuvée (→ S. 128) in der Rotweinwelt Maßstäbe gesetzt. Einen besonders hohen Merlot-Anteil haben die berühmten Weine aus St-Emilion und Pomerol. Einige der Top-Übersee-Merlots wachsen im Südosten des US-Staates Washington und in Neuseeland.

Monarch öko

[monarch]

ZÜCHTUNG Solaris (= Merzling × (Saperavi severnyi × Muskat Ottonel)) × Dornfelder

HERKUNFT Züchtung 1988 von Dr. Norbert Becker, Staatliches Weinbauinstitut Freiburg (Baden)

VERBREITUNG Deutschland (im Versuchsanbau)

- **Weinstil:** straff-fruchtig-komplex
- **Farbe:** dunkles Kirschrot
- **Körper:** mittel
- **Säure:** anregend-harmonisch
- **Aroma:** Sauerkirsche, Himbeere, Lebkuchen
- **Essenspartner:** Rinderbraten mit Semmelknödeln

BESONDERHEITEN Sehr widerstandsfähig gegenüber den beiden wichtigen Pilzerkrankungen; eine der qualitativ vielversprechendsten neuen Sorten überhaupt.

Montepulciano

[montepultschano]

SYNONYME Cordisco, Morellone, Primaticcio, Violone

VERBREITUNG Italien (Abruzzen, Marken)

- **Weinstil:** fruchtig-süffig bis aromatisch-gehaltvoll
- **Farbe:** dunkles Rubinrot
- **Weine:** Rosso Conero, Rosso Piceno (beide I-Marken), Montepulciano d'Abruzzo, Controguerra rosso (beide I-Abruzzen), Biferno (I-Molise)
- **Körper:** mittel bis kräftig mit viel Tannin
- **Säure:** reif

Aroma: Brombeere, Süßkirsche, Schokolade

Essenspartner: Pizza, Pasta mit Tomatensauce, eingelegte Tomaten, Antipasti, Schinken, Wurst

BESONDERHEITEN Achtung, nicht verwechseln mit dem toskanischen Vino Nobile di Montepulciano! Derartige Klasse erreicht die in Italien häufig angebaute Traube allenfalls als Rosso Conero. Meist entstehen daraus eher fruchtig-fröhliche Alltagsweine.

Mourvèdre

[murwädre]

SYNONYME Monastrell (Spanien), Morastell, Balzac, Mataro (Übersee), Morastrell, Negria, Rossola nera

VERBREITUNG Frankreich (Südrhône, Provence, Languedoc-Roussillon), Spanien (Alicante, Almansa, Bullas, Jumilla, Yecla), Algerien, Tunesien, USA-Kalifornien

Weinstil: robust bis wuchtig und tanninreich

Farbe: tiefrot

Weine: Bandol Rouge, Châteauneuf-du-Pape, Côtes du Roussillon, Collioure, Alicante, Murcia

Körper: kräftig-kompakt, reich

Säure: mittel

Aroma: Brombeere, Leder, Teer, Süßholz, Pfeffer, Gewürze, Thymian, dunkle Schokolade, Lavendel

Essenspartner: Wild, würzige Schmorgerichte (Rind, Lamm), Hase, Wintereintöpfe, Schafskäse

BESONDERHEITEN Die Sorte verträgt viel Wärme und trockene Böden. Die kleinen, dickschaligen Trauben ergeben ausdrucksstarke, intensiv-beerige, langlebige Weine, die durch Barrique-Ausbau noch zulegen.

Müller-Thurgau

[müller turgau]

SYNONYME Rivaner, Riesling-Sylvaner, Rizlingzilvani

VERBREITUNG Deutschland, Schweiz, I-Südtirol, Luxemburg, Niederlande, Österreich, Slowakei, Ungarn

- **Weinstil:** süffig-leicht bis elegant-duftig
- **Farbe:** hellgelb mit grünlichen Reflexen
- **Weine:** Müller-Thurgau, Rivaner
- **Körper:** leicht
- **Säure:** mild
- **Aroma:** Wiesenblumen, Muskat, Kräuter, Litschi
- **Essenspartner:** Spargel, Forelle blau, Grüner Salat

BESONDERHEITEN Als Hauptsorte der pappig-süßen Liebfrauenmilch war er lange Deutschlands Exporthit, bis qualitätsbewusste Winzer begannen, den Ertrag zu kontrollieren und Weine zu keltern, die heute als Rivaner belebend-frische, angenehme Essensbegleiter sind.

Nebbiolo

Nebbiolo

[näbbjolo]

SYNONYME Chiavennasca, Spanna, Spana, Lampia, Michet, Picotrendo, Picutener, Prugnet, Pugnet, Rose

HERKUNFT I-Piemont

VERBREITUNG Italien (vor allem Piemont und Aostatal, auch Lombardei), wenig in der Schweiz und in Kalifornien

- **Weinstil:** knorrig bis burgundisch-elegant
- **Farbe:** kirschrot bis ziegelrot
- **Körper:** mittel mit knackigem Tannin
- **Säure:** kantig bis frisch
- **Aroma:** erdig, Kirsche, Pflaume, Kräuter, Rose
- **Essenspartner:** Pasta, Trüffel, Schmorgerichte, Wild

WISSENSWERTES Nebbiolo ist eine der individuellsten Rebsorten überhaupt. Ihre Bedürfnisse zu erkennen, ist einigen Pionieren im Piemont bestens gelungen. Gut so, sonst wäre dieser Sorte der verdiente Erfolg und Aufstieg verwehrt geblieben. Sie reift sehr spät; ihre Weine haben in der Jugend noch viele Ecken und Kanten. Es braucht Zeit und Geduld, bis sie sich runden und ihre hohe Säure und das Tannin milder erscheinen. Mit zunehmendem Alter entwickelt ein qualitativ hochwertiger Nebbiolo – wie Pinot noir – elegante, subtile Aromen von bemerkenswerter Feinheit, besonders wenn die Trauben von Toplagen in Barolo und Barbaresco stammen. In diesem Fall überzeugt er auch pur, ist einzigartig und unnachahmlich, ohne irgendwie dem internationalen Geschmack zu entsprechen. Gute Einstiegsqualität bietet ein Nebbiolo d'Alba. Im Verschnitt mit Cabernet Sauvignon und/oder Merlot tritt er sanfter auf, aber auch deutlich weniger einzigartig.

Negroamaro

[negroamaro]

SYNONYME Abbruzzese, Albese, Arrise, Jonico, Mangiaverme, Nero leccese, Nicra amaro, Niuru maru

VERBREITUNG Süditalien, vor allem Apulien

- **Weinstil:** saftig-würzig bis kraftvoll
- **Farbe:** dunkles Rubinrot
- **Weine:** Brindisi Rosso, Salice Salentino, Copertino
- **Körper:** voll, geschmeidig
- **Säure:** elegant
- **Aroma:** Cassis, Zimt, Schlehe, Maraschinokirsche
- **Essenspartner:** würzige Fisch- und Fleischgrilladen, Wildschwein, marokkanisches Couscous

BESONDERHEITEN Die Sorte nimmt die südliche Sonne wundervoll auf: Warm-würzig mit leichter Bitternote, wie der Name schon sagt, schmecken die Roten, saftig-geschmeidig der Rosato, und als Cuvée mit Malvasia nera entstehen sinnlich-geschmeidige Verführer.

Nero d'Avola

[nero dawola]

SYNONYME Calabrese d'Avola, Calabrese di Calabria, Calabrese di Noto, Calabrese dolce, Calabrese Pittatelo

VERBREITUNG Italien (Sizilien, Kalabrien)

- **Weinstil:** fruchtig-lebendig bis vollmundig
- **Farbe:** tiefdunkelrot
- **Weine:** Cerasuolo di Vittoria, Faro, Marsala; in der Cuvée (Markenweine): Corvo, Duca Enrico, Regaleali

Körper: mittel bis intensiv

Säure: reif

Aroma: Schwarzkirsche, Pflaume, Pfeffer, Cassis

Essenspartner: Rinderschmorbraten, Steak

BESONDERHEITEN Ihr Synonym Calabrese lässt zwar eine Herkunft aus Kalabrien vermuten, doch richtig wohl fühlt sie sich in Sizilien. Selbst die geringeren Qualitäten schmecken herzerfrischend lecker und die besten, mit oder ohne Holztouch, einfach köstlich.

Palomino fino

[palomino fino]

SYNONYME Alban, Listán de Jerez, Listão (Portugal)

VERBREITUNG Spanien (Jerez, Condado de Huelva, Kanaren), Portugal, Argentinien, Australien, Kalifornien, Neuseeland, Zypern

Weinstil: trocken-neutral

Farbe: strohgelb

Weine: Sherry (Fino Manzanilla, Fino, Amontillado, Oloroso)

Körper: leicht

Säure: frisch

Aroma: Mandeln, reifer Apfel, Rosinen, Kräuter

Essenspartner: Tapas, Oliven, Salzmandeln, Speckpflaumen, Mousse au chocolat (Amontillado)

BESONDERHEITEN Gewachsen auf schneeweißem Kreideboden und vergoren von Florhefen, die nur in Jerez und im französischen Jura vorkommen, entsteht aus Palomino – zusammen mit etwas Pedro Ximénez und Moscatel – trockener bis süßer Sherry.

Parellada

[pareijada]

SYNONYME Martorella, Montonec, Perelada

VERBREITUNG Spanien (Penedès, Cariñena, Costers del Segre)

Weinstil: leicht, erfrischend

Farbe: hellgelb

Weine: Cava, Penedès Blanco, Costers del Segre Blanco

Körper: leicht

Säure: frisch-lebendig

Aroma: grüner Apfel, gelber Apfel, Zitrus

Essenspartner: Aperitif, Tapas

BESONDERHEITEN Wie Palomino für den Sherry ist Parellada für den spanischen Schaumwein Cava eine der drei Leitsorten – meist aber mit dem geringsten Anteil – oder schmeckt in der Cuvée mit Chardonnay und/oder Sauvignon blanc einfach lecker.

Pedro Ximénez

[pedro ximini]

SYNONYME PX, Alamis, Jimenéz, Pedro, Pero Ximén, Pedro Ximén, Myuskadel, Uva Pero Ximén, Ximenecia

VERBREITUNG E-Andalusien (Córdoba, Málaga, Montilla-Moriles), E-Extremadura

Weinstil: elegant-mineralisch bis cremig-opulent und vielschichtig-elegant

Farbe: helles Bernstein bis mahagoni

Weine: Pedro Ximénez (PX), Pedro Ximénez Solera, Sherry (Fino, Amontillado, Oloroso)

Körper: elegant-mineralisch bis opulent

Säure: hoch

Aroma: Feige, Dattel, Kaffeenote, Karamell, Schokolade, Gewürznoten, Tabak, Rosinen

Essenspartner: Blauschimmelkäse, Crème brûlée

BESONDERHEITEN Aus dieser Sorte entsteht in der Region Montilla-Moriles hochwertiger Sherry Fino und in Málaga und Córdoba der mollig-opulente, herrlich cremige Topwein »PX«. Er ist oft nur angegoren, mit Weinalkohol aufgespritet und trotz seiner mundfüllenden Süße ungewöhnlich frisch und elegant.

Petite Arvine

[petit arwin]

SYNONYME Arvine

VERBREITUNG CH-Wallis, I-Aosta

Weinstil: frisch-elegant, mineralisch-vollmundig

Farbe: schillerndes Gelb

Weine: Petite Arvine

Körper: intensiv-vollmundig

Säure: vital und frisch

Aroma: salzig, Grapefruit, exotisch, floral

Essenspartner: Geflügel, Fisch, Krustentiere

BESONDERHEITEN Die alte autochthone weiße Sorte, die nur im Wallis und im Aostatal wurzelt, ist eine Diva, kapriziös im Anbau wie auch beim Ausbau im Keller. Sind aber alle Hürden genommen, bietet sie trocken, aber vor allem restsüß allerhöchsten Weingenuss.

Petit Verdot

[petie werdoh]

SYNONYME Bouton blanc, Bouton, Carmelin, Héran, Herrant, Lambrusquet, Petit Verdau, Verdot rouge

VERBREITUNG F-Bordeaux, I-Sizilien, Schweiz, Spanien, USA, Chile, Australien, Neuseeland, Argentinien

Weinstil: konzentriert-robust mit viel Tannin

Farbe: dunkles Rubinrot

Weine: in der Cuvée der Châteaux Margaux und Latour, Enira (Bulgarien), reinsortig in Übersee

Körper: kräftig

Säure: säuerlich bis markant

Aroma: Pfeffer, Cassis, Gewürze

Essenspartner: Rinderbraten, Wild, Trüffel

BESONDERHEITEN Der »kleine Grünling«, Teil einer klassischen Bordeaux-Cuvée, macht sich dort inzwischen rar. Die kleinen, dickschaligen Trauben reifen später als Cabernet Sauvignon, sind aber ebenso robust, farbintensiv und verleihen in Übersee allzu soften Rotweinen Kraft, Struktur und Tannin.

Pinot noir (→ S. 83)

Pinotage

[pinotaasch]

ZÜCHTUNG Kreuzung aus Pinot noir × Cinsaut (Letzterer wird in Südafrika auch Hermitage genannt)

VERBREITUNG Südafrika, Zimbabwe, Neuseeland, USA

Weinstil: flach-fruchtig bis komplex-elegant

Farbe: leichtes bis dunkles Kirschrot

Weine: Pinotage

Körper: leicht bis gehaltvoll

Säure: mittel

Aroma: Lack, Maulbeere, Banane, gekochte Beere, Cassis, Himbeere, Pflaume, Nelke, Zimt

Essenspartner: Hecht, Wildente, Reh, Roastbeef

BESONDERHEITEN Für Südafrika ein echter Glücksfall. Solide im Anbau mit gutem Ertrag und als flexibler Cuvéepartner sorgt er als »der Südafrikaner« mit unverwechselbarem Stil für internationale Anerkennung.

Pinotin öko

[pinotin]

ZÜCHTUNG Solaris (= Merzling × (Saperavi severnyi × Muskat Ottonel)) × Dornfelder

HERKUNFT Züchtung 1988 von Dr. Norbert Becker, Staatliches Weinbauinstitut Freiburg (Baden)

VERBREITUNG Deutschland (im Versuchsanbau)

Weinstil: straff-fruchtig-komplex

Farbe: dunkles Kirschrot

Körper: mittel

Säure: anregend-harmonisch

Aroma: Sauerkirsche, Himbeere, Lebkuchen

Essenspartner: Rinderbraten mit Semmelknödeln

BESONDERHEITEN Sehr widerstandsfähig gegenüber den beiden wichtigen Pilzerkrankungen; eine der qualitativ vielversprechendsten neuen Sorten überhaupt.

Pinot noir

[pino noar]

SYNONYME Spätburgunder, Blauburgunder, Pinot nero (Italien), Klevner (Schweiz), Burgundac (Bulgarien)

HERKUNFT F-Burgund

VERBREITUNG F-Burgund, F-Champagne, Deutschland, Österreich, Schweiz, Italien, USA (Oregon, Kalifornien), Australien, Kanada, Ungarn, Moldawien, England, Südafrika, Chile, Neuseeland, Kroatien, Mexiko

Weinstil: leicht und zart bis sinnlich-elegant

Farbe: hagebuttentönig bis kirschrot

Körper: grazil bis mittel mit seidigen Tanninen

Säure: frisch bis kräftig

Aroma: Himbeere, Erdbeere, Herzkirsche, Minze, Veilchen, Heckenrose, Rote Bete, Pilze, Zeder

Essenspartner: Kalb, Wild, mittelkräftiger Käse

WISSENSWERTES Die wertvollste rote Sorte des gemäßigten Klimas ist zugleich unsere älteste. Vermutlich von den Römern aus einer Wildrebe selektiert, ist sie bis heute der rote Star des Burgund und liefert von den berühmten Lagen zwischen Beaune und Dijon, aber auch hierzulande, Topqualität, doch wegen zu großer Nachfrage leider auch dünne, überteuerte Burgunder. Auch in Übersee weiß man das Potenzial inzwischen bestens zu nutzen. Unter kühlem Meereseinfluss gedeihen in Oregon und Neuseeland feine Qualitäten, die in ihrer Sinnlichkeit, Frische und Feinheit den großen burgundischen Vorbildern qualitativ die Stirn bieten. Als Basis reinsortiger Champagner präsentiert sich Pinot noir generös und edel strukturiert und entwickelt in Cuvées mit Chardonnay facettenreiche Fülle und Langlebigkeit.

Prieto Picudo

[priedo pikudo]

SYNONYME Prieto Picudo tinto

VERBREITUNG E-Tierra de Léon

Weinstil: intensiv, aromatisch mit feinem Tannin

Farbe: mittelrot bis tief dunkelrot

Weine: Castilla-Léon

Körper: samtig, weich

Säure: sanft

Aroma: Moschus, floral

Essenspartner: Wurst, Tapas, Geflügel, Pasta, Grillfleisch, gegrilltes Gemüse, pikanter Käse

BESONDERHEITEN Noch weitgehend unbekannt, aber in der Tierra de Léon hat die kleinbeerige, dickschalige Traube die Nase vorn. Ihre saftig-schönen Weine mit feinem Tannin von niedrigen Erträgen haben das Zeug zum Aufsteiger. Auch leckere Rosados.

Ramisco

[ramisko]

SYNONYME Ramisco nos Açores

VERBREITUNG P-Colares

Weinstil: konzentriert-langlebig

Farbe: tief dunkelrot bis tiefviolett

Weine: Colares

Körper: stabil, fest mit starkem Tannin

Säure: kräftig

Aroma: Beeren, Laub, erdig, Rose, Kirsche, Teer

Essenspartner: Stockfisch, Schmorbraten

BESONDERHEITEN Ramisco ist fast nur in der Region Colares an der Atlantikküste bei Lissabon zu finden, weil sie die dortigen Sandböden schätzt, aus denen sie erstaunliche Kraft schöpft. Und sie ist wahrscheinlich die einzige Rebe, die von der Reblaus unbehelligt geblieben ist. Sie gilt als säurereich und verfügt über ein starkes Tanningerüst, was den Weinen eine gute Reifefähigkeit verleiht. In ihrer Jugend sind die Weine kaum zugänglich. Nach längerem Ausbau in gebrauchten Holzfässern duften sie nach Beeren, auch nach warmem Laub und frischer Erde.

Refosco

[refosko]

SYNONYME Cagnina, Dolcedo, Drobni Rifoshk, Große Syrah, Mercuri, Refasco, Refoschino, Refosco dal peduncolo rosso, Rephousko, Rifoshk Debeli, Schitterer

VERBREITUNG Italien (Friaul-Julisch Venetien, Emilia-Romagna), Kalifornien, Australien

Weinstil: fruchtig bis vollfruchtig-ausdrucksstark

Farbe: mittel- bis dunkelviolett

Weine: Refosco

Körper: meist robust, tanninreich bis intensiv

Säure: kräftig

Aroma: Pflaume, Heidelbeere, würzig

Essenspartner: Pasta bolognese, Antipasti

BESONDERHEITEN Alle Spielarten sind regional geprägt. Meist sind sie herzerfrischend bodenständig, angenehm fruchtig bis ausdrucksstark und farbintensiv.

Regent öko
[regent]

ZÜCHTUNG (Silvaner × Müller-Thurgau) × Chambourcin

HERKUNFT Züchtung 1967 von Prof. Dr. Gerhardt Alleweldt, Julius-Kühn-Institut, Institut für Rebenzüchtung, Geilweilerhof, Siebeldingen (Pfalz)

VERBREITUNG Deutschland, Schweiz, Niederlande

Weinstil: burschikos- fruchtig, gerbstoffbetont

Farbe: mittleres bis dunkles Kirschrot

Körper: mittel bis kräftig

Säure: mittel bis kräftig

Aroma: Blaubeere, Kirsche, Tabak, Himbeere

Essenspartner: Pizza Margherita, Roastbeef

BESONDERHEITEN Pionier und Maßstab für alle Piwis, ist Regent sowohl reinsortig als auch in der Cuvée oder im Holzfässchen ausgebaut sehr erfolgreich.

Ribolla gialla
[ribolla tschalla]

SYNONYME Alvola, Gargania, Jarbola, Rebula (Slowenien), Gialla di Rosazzo, Rabola (Griechenland)

VERBREITUNG I (Friaul-Julisch Venetien), Slowenien (Brda), Griechenland (Ionische Inseln – Kephalonia)

Weinstil: leicht, blumig, delikat

Farbe: helles Goldgelb mit grünlichen Reflexen

Weine: Colli Orientali del Friuli, Collio

Körper: feingliedrig, ausgewogen

Säure: lebendig, aber harmonisch

Aroma: Akazie, Zitrone, Ginster, mineralisch

Essenspartner: Geflügel, Austern, Forelle

BESONDERHEITEN Die uralte italienische Rebsorte gibt es als weiße und rote Variante, wobei die weiße in ihrer klassischen Heimat (Collio und Colli Orientali) die besten Resultate bringt.

Riesling (→ S. 89)

Rkatsiteli

[rrkatziteli]

SYNONYME Rkachiteli, Rkaciteli, Rkatiteli, Gruzinsky (Russland), Baiyu (China), Budashuri, Dedal, Tapolek

VERBREITUNG Georgien, Armenien, Aserbaidschan, Russland, Bulgarien, Moldawien, Ukraine, Rumänien, China, USA, Australien

Weinstil: herb-würzig und kräftig, meist restsüß

Farbe: gelb-gold

Weine: Rkatsiteli

Körper: mittel

Säure: hoch

Aroma: Aprikose, Ananas, Zitrusfrucht, würzig

Essenspartner: pikantes Gemüse, Kaninchen, Pute

BESONDERHEITEN Die 5.000 Jahre alte Sorte ist enorm frostresistent und trotzt dem rauen Klima Osteuropas. Sie liefert trockene, traditionell jedoch meist restsüße Weine, teils als aufgespritete Dessertweine ausgebaut.

Riesling

[riesling]

SYNONYME Klingelberger, Petit Rhin (Schweiz), Johannisberg Riesling (USA), Rheinriesling, Riesling renano (Italien), Rizling (Bulgarien), Rössling, Starovetske

HERKUNFT D–Oberrhein, vermutlich aus natürlicher Kreuzung (Heunisch × Wildrebe) × Traminer

VERBREITUNG Deutschland, Österreich, F-Elsass, Norditalien, Luxemburg, Russland, Ukraine, Australien, Kanada, Neuseeland, Moldawien, Tschechien, Schweiz

Weinstil: rassig-erfrischend bis elegant-komplex

Farbe: hellgrün über grünlich-gelb bis goldgelb

Körper: immer elegant bis vielschichtig-komplex

Säure: spritzig-frisch, rassig, lebendig, vital

Aroma: Apfel, Zitrone, Pfirsich, Grapefruit, Kräuter, Passionsfrucht, Petrolnote (in reifen Rieslingen)

Essenspartner: Fisch, Asia-Gerichte, pikanter Käse

WISSENSWERTES Empfindliche Sorte mit hohen Ansprüchen an Klima und Lage. Wurzelt sie auf mineralischen Böden und bekommt genug Sonne zum Reifen (denn sie braucht lange dafür), ist sie die Königin aller weißen Sorten: faszinierend, unnachahmlich, leicht, beschwingt und elegant im Körper, dabei sehr intensiv mit himmlischem Aroma und vibrierender Frische. Keine andere Rebsorte besitzt diese Bandbreite. Vom feinfruchtigen trockenen Tischwein über Spitzengewächse mit vielschichtigem Charakter bis zu den feinsten edelsüßen Weinen (Beerenauslese, Trockenbeerenauslese, Eiswein) – Riesling kann alles. Das brachte ihm schon Anfang des letzten Jahrhunderts höchste Anerkennung ein, auch weil er über ein enormes Alterungspotenzial verfügt. Riesling ist unbestritten der Star der Stars.

Roussanne

[russann]

SYNONYME Bergeron (F-Savoyen), Fromenteau (Rhône), Rosana (Spanien)

VERBREITUNG Frankreich (Rhône, Languedoc-Roussillon, Savoyen), Italien (Ligurien, Toskana), Spanien (Katalonien, Rioja), USA, Australien

Weinstil: aromatisch-erfrischend-komplex

Farbe: gelb-gold

Weine: Hermitage Blanc, Crozes-Hermitage Blanc, St-Joseph Blanc, Châteauneuf-du-Pape Blanc, Montecarlo Bianco (Toskana), Le Sophiste (USA)

Körper: mittel

Säure: appetitlich-frisch

Aroma: Mandeln, Birne, würzige Kräuter, Pfirsich

Essenspartner: Ratatouille, Wurst, Schafskäse

BESONDERHEITEN Frischer, ausdrucksstärker als der Cuvéepartner Marsanne. Im Mix ergeben sie Spitzenweine mit Kraft, Finesse und mediterranem Flair.

Sangiovese

Sangiovese

[sannschowese]

SYNONYME Brunello, Morellino, Nielluccio (F-Korsika), Prugnolo gentile, Sangioveto, Toustain (Algerien)

HERKUNFT vermutlich I-Toskana

VERBREITUNG Italien, F-Korsika, USA-Kalifornien, Israel, Argentinien, Chile, Südafrika, Algerien, Tunesien

Weinstil: trocken-säuerlich bis fruchtig-elegant-komplex

Farbe: leicht bis intensiv rubinrot

Körper: mittel bis komplex

Säure: frisch und tanninreich

Aroma: Kirsche, Veilchen, Kräuter, Leder, Tabak

Essenspartner: Kalb, Wild, mittelkräftiger Käse

WISSENSWERTES Die quantitativ wichtigste Sorte Italiens präsentiert sich vielgestaltig. Etwa 15 Klone dürften es sein, die in mehreren Regionen Mittelitaliens unter verschiedenen Namen unterschiedlichste Qualitäten hervorbringen. In der Jugend sind die Weine noch recht säurebetont. Um einem Chianti oder Chianti Classico die Strenge zu nehmen, war bis in die 1980er-Jahre ein Verschnitt mit lokalen Sorten (Canaiolo, Mammolo, Malvasia, Trebbiano) üblich, heute weitgehend verdrängt von Cabernet Sauvignon und Merlot, was die Weine zwar fülliger macht, aber auch zu Verlust an Eleganz führen kann. Ein Chianti schmeckt frisch-fruchtig, der Chianti Classico aus der Region zwischen Siena und Florenz ist die qualitative Steigerung, gefolgt von Vino Nobile di Montepulciano (wo die Sorte Prugnolo gentile heißt), Morellino di Scansano und Carmignano sowie den Supertoskanern, u.a. Sassicaia und Tignanello. Doch die ganze Klasse und Finesse dieser Sorte offenbart sich im Brunello di Montalcino.

Saperavi

[saperawi]

SYNONYME Saperavi Patara

VERBREITUNG Russland, Ukraine, Moldawien, Georgien, Kasachstan, Usbekistan, Tadschikistan, Kirgistan, Turkmenistan, USA (New York State), Kanada

- **Weinstil:** verschlossen-intensiv mit viel Tannin
- **Farbe:** dunkelrot bis violett
- **Weine:** Mukusani, Black Russian (USA)
- **Körper:** fest
- **Säure:** hoch
- **Aroma:** Cassis, Waldbrombeere, Kräuter
- **Essenspartner:** Grilladen, Wurst, Schmorgerichte

BESONDERHEITEN Die farbintensive russische Rebsorte mit einem großartigen Qualitäts- und Alterungspotenzial gibt vielen Cuvées erst Rückgrat. Sie hat Kraft und Tannin, ist auch sonst robust und sehr kälteresistent.

Sauvignon blanc (→ S. 95)

Savagnin

[sawanjah]

SYNONYME Heida, Païen (beide CH-Wallis), Gringet (F-Savoyen), Fromentin, Tramini fehér (Ungarn)

VERBREITUNG F-Jura, F-Savoyen, Ungarn, CH-Wallis

- **Weinstil:** würzig, sehr langlebig, Sherry-ähnlich
- **Farbe:** helles bis tiefes Gold

Weine: Vin Jaune, Ayse (Schaumwein aus Savoyen)

Körper: mittel bis intensiv

Säure: lebendig, vielschichtig

Aroma: würzig, Zitrone, Walnuss, Wildhonig

Essenspartner: Mousse au chocolat, Schokoladenkuchen, Apfelstrudel, Karamellpudding

BESONDERHEITEN Die Sorte ist im französischen Jura für alle Weintypen zugelassen, doch solo die beste Wahl für den Vin Jaune, der wie Sherry mit Florhefen vergoren wird, etwa der berühmte Château-Chalon.

Savatiano

[sawazjano]

SYNONYME Aspro, Cephalonie, Dobraina aspri

VERBREITUNG Griechenland (Attika und Mittelgriechenland)

Weinstil: trocken-schlicht bis süffig-harmonisch

Farbe: sonnengelb

Weine: Retsina, Anhialos (mit Roditis)

Körper: leicht

Säure: gering

Aroma: dezent Orange, Pfirsich, Harznote, Karamell, leicht-würzig

Essenspartner: rustikal-mediterrane Fischgerichte, Lachs, frittiertes Gemüse, Artischocken

BESONDERHEITEN Die meistangebaute Weißweinsorte Griechenlands ist, der Dürre trotzend, dennoch gleichmäßig im Ertrag. Sie ist die Hauptsorte (neben Roditis und Assyrtico) des berühmten Retsina, der durch Zugabe von Pinienharz sein typisches Aroma erhält.

Sauvignon blanc

[sowinjong blong]

SYNONYME Fumé blanc, Gros Sauvignon, Muskat-Sylvaner (Österreich), Pinot mestry bely (Russland)

HERKUNFT unbekannt, wahrscheinlich F-Bordeaux

VERBREITUNG Frankreich, Österreich, Italien, Australien, Neuseeland, Deutschland, Südafrika, Chile, Kalifornien, Serbien, Ungarn, Bulgarien, Rumänien, Uruguay

Weinstil: aromatisch-frisch bis trocken-intensiv

Farbe: hellgelb mit grünen Reflexen bis hellgold

Körper: mittel, belebend

Säure: prickelnd, lebhaft, in Bordeaux sanfter

Aroma: Grasschnitt, Cassis, Holunderblüte, Brennnessel, Stachelbeere, grüne Paprika, grüne Bohnen, Feuerstein (obere Loire), Guave, Limone

Essenspartner: Fisch, Sushi, Krustentiere, Kalb, Ziegenkäse (Chèvre, Crottin), Spargel, Fenchel

WISSENSWERTES Im Bordelais ist die Sorte noch weit verbreitet und bringt in der Cuvée mit Sémillon einige gute trockene, im Barrique gereifte Weißweine hervor. Doch top ist sie an der Loire, in Sancerre und Pouilly-Fumé. Hier, auf den vorzugsweise kalkhaltigen Böden mit Kies und Feuerstein, wachsen die Vorbilder für die gesamte Weinwelt. Von hier aus zog sie in die Welt und löste die Chardonnay ab, als man ihrer überdrüssig wurde. Hervorzuheben sind die kristallklaren Sauvignons aus Österreichs Steiermark, ebenso die hochgeschätzten von der Südinsel Neuseelands, eine Essenz aus knisternder Frische und exotischer Frucht. Nicht zu vergessen die elegant-vitalen Weine aus Südafrika und die fleischigen aus Kalifornien oder Chile – allesamt eine Bereicherung für die Weinwelt.

Scheurebe

[scheurebe]

SYNONYME Sämling 88 (Österreich), Dr. Wagnerrebe

VERBREITUNG Deutschland, Österreich, England

- **Weinstil:** aromatisch-lebendig bis langlebig
- **Farbe:** grüngelb
- **Weine:** Scheurebe QbA, Scheurebe mit Prädikat
- **Körper:** mittel
- **Säure:** rassig, Riesling-artig
- **Aroma:** Trauben, Tropenfrüchte, Weiße Johannisbeere
- **Essenspartner:** Sushi, Asiaküche, Krustentiere

BESONDERHEITEN Die Kreuzung Riesling × Wildrebe hat viel Charakter, behält trotz hoher Reife ihre delikate Säure und ist dennoch rückläufig. Unter idealen Bedingungen bietet sie, v. a. edelsüß ausgebaut, exotische Aromen und enorme Vitalität.

Silvaner

Sémillon (→S. 99)

Silvaner

[silwaner]

SYNONYME Sylvaner, Johannisberg (Schweiz), Arvine, Gros-Rhin, Gamay blanc, Zeleny, Silvania (Italien)

HERKUNFT ungeklärt – entweder Siebenbürgen in Transsylvanien oder Österreich

VERBREITUNG Deutschland (Rheinhessen, Franken, Saale-Unstrut), F-Elsass, CH-Wallis, I-Südtirol, Österreich, Ungarn, Rumänien (Siebenbürgen)

Weinstil: fruchtig-frisch bis saftig-nervig-komplex

Farbe: hellgelb bis intensiv gelb

Körper: leicht bis voll

Säure: wenig bis erfrischend

Aroma: Apfel, Mandeln, Heu, Gras, Pfirsich, erdig

Essenspartner: Geflügel, Gemüse, vor allem Spargel, Forelle, Zwiebelkuchen, Brathähnchen

WISSENSWERTES Bis Ende der 1960er-Jahre war diese uralte Sorte auch die wichtigste Sorte Deutschlands, verlor dann aber an Bedeutung. Zwar ist sie weniger anspruchsvoll als der Riesling, trotzdem braucht sie gute Lagen, um auszureifen, weil sonst saure, neutrale Weine entstehen, die keiner will. Dabei hat's der Silvaner drauf, etwa in Franken, wo auf mageren, kalkhaltigen Böden bei geringem Ertrag Weine voll Kraft und Saft wachsen, oder in Rheinhessen, wo sie weniger erdig-mineralisch geraten, sondern mehr an Blumen und frische Früchte erinnern. Ähnliches gilt für das Elsass. Begrenzt man den Ertrag, ist die Sorte zu rassigen, nuancenreichen Weinen fähig.

Sémillon

[semijong]

SYNONYME Barnawartha Pinot, Madeira, Sercial (alle Australien), Sémillon Muscat, Boal (Portugal), Greengrape (Südafrika), Malaga, St-Emilion (Rumänien)

HERKUNFT wahrscheinlich F-Bordeaux (Sauternes)

VERBREITUNG F-Bordeaux, F-Südwesten, Australien, Chile, Argentinien, Südafrika, USA-Kalifornien

Weinstil: ohne Holz: leicht, trocken, schlank bis mineralisch-vielschichtig; mit Holz: voll, reich

Farbe: gelblich bis goldgelb schimmernd

Körper: mittel; edelsüß ausgebaut füllig bis fett

Säure: mild-dezent

Aroma: Zitrone, Apfel, Aprikose, Honig, exotisch

Essenspartner: Kalb, Seefisch, Geflügel, Roquefort

WISSENSWERTES Sémillon überzeugt eher im Team als reinsortig. Weißen Bordeaux-Cuvées (→ S. 128) verleiht sie Rückgrat und Körper, ihr Lieblingspartner Sauvignon blanc gibt Frucht und Lebendigkeit dazu, und gelegentlich sorgt ein bisschen Muscadelle für das würzige i-Tüpfelchen. Bei diesen Weinen – die renommiertesten kommen aus Pessac-Léognan und Graves – spielt Sauvignon blanc die Hauptrolle, Sémillon ordnet sich unter. Beim Sauternes und Barsac ist es genau andersrum. Was wären diese weltberühmten Dessertweine ohne Sémillon? Ihrer Dünnhäutigkeit gegenüber Botrytis (Edelfäule) verdankt die Weinwelt sinnliche Kostbarkeiten, Süßweine der Spitzenklasse, echte Stars! Auch in Australien weiß man ihr Potenzial zu nutzen. Bevor Chardonnay hier alles überrollte, war sie die Nummer eins, wie einst in Südafrika.

Solaris öko
[solaris]

ZÜCHTUNG Merzling × Gm 6493

HERKUNFT Züchtung 1975 von Dr. Norbert Becker, Staatliches Weinbauinstitut Freiburg (Baden)

VERBREITUNG Deutschland (Pfalz, Baden)

Weinstil: gehaltvoll

Farbe: grüngelb

Körper: reif bis ausdrucksstark

Säure: frisch

Aroma: Cassis, Holunderblüte, Blütenhonig

Essenspartner: Sushi, Geflügel, Ziegenkäse

BESONDERHEITEN In ihren Genen stecken Riesling und Grauburgunder, also feine Frucht und Körper. Sie reift früh bei guter, lebendiger Säure, was sich in Cuvées, reinsortig oder als Süßwein als sehr positiv erweist.

St. Laurent
[sankt laurent]

SYNONYME St-Laurent, Vavrinecke, Svatovrinecke (Tschechien), Laurenzitraube, Sentlovrenka (Kroatien)

VERBREITUNG Österreich, Deutschland, Kroatien, Tschechien, Schweiz

Weinstil: süffig-leicht bis fruchtig-samtig-elegant

Farbe: hagebuttentönig bis dunkles Kirschrot

Weine: St. Laurent

Körper: leicht bis mittelschwer

Säure: angenehm-frisch

Aroma: Weichselkirsche, Himbeere, Kirsche

Essenspartner: Tatar, Rinderragout, Schnitzel

BESONDERHEITEN Im Idealfall entstehen samtig-elegante Rotweine, die – aus guten Lagen und Jahren und bei kleinem Ertrag – vom Holzausbau profitieren.

Syrah (→ S. 103)

Tannat

[tannah]

SYNONYME Bordeleza belcha, Moustrou, Harriague (Uruguay), Bordelais

VERBREITUNG Südwestfrankreich (Madiran), Schweiz, Italien, Uruguay, Brasilien, Mexiko, USA, Neuseeland

Weinstil: rustikal-tanninreich bis muskulös-komplex-vollmundig

Farbe: dunkelrot bis brombeerschwarz

Weine: Madiran, Côtes de St-Mont, Béarn, Irouléguy, Tursan

Körper: muskulös-fest mit deutlichem Tannin

Säure: kräftig

Aroma: Brombeere, Himbeere, Maulbeere, Leder, Teer, mediterrane Kräuter

Essenspartner: Fleischgerichte mit Trüffeln, Pilzgerichte, Ochsenschwanz, Schafskäse

BESONDERHEITEN Mit moderner Kellertechnik weiß man die ungeheure Tanninfülle und Adstringenz zu mäßigen, was sonst nur die Flaschenreife vermag – oder sanfte, ausgleichende Cuvéepartner wie Merlot.

Syrah

[sira]

SYNONYME Shiraz (Übersee), Antournerein, Hermitage (Australien), Marsanne noire, Balsamina (Argentinien)

HERKUNFT Kreuzung Dureza × Mondeuse, alte französische Sorten, vermutlich vom Rhônetal

VERBREITUNG Frankreich, Spanien, Schweiz, Australien, Südafrika, Chile, Argentinien, USA-Kalifornien

Weinstil: elegant-fruchtig bis konzentriert-würzig

Farbe: mittleres Brombeerrot bis tintig

Körper: mittel bis vollmundig und tanninreich

Säure: mittel bis lebendig

Aroma: Brom-, Heidelbeere, Schokolade, Pfeffer, Nelke, Teer, Wildnoten, Trüffel, Olive, Minze

Essenspartner: Rind, Lamm, Wild, scharf-pikant

WISSENSWERTES Syrah und Shiraz – eine Rebsorte, zwei Namen, zwei Weinstile. Von der Nordrhône – Hermitage, Côte Rôtie, Crozes-Hermitage, St-Joseph, Cornas – verführt sie mit elegant-mineralischer, extraktreich-würziger Kraft und ist der Maßstab aller Syrah-Weine aus kühleren Regionen. Als Shiraz, in Australien, Südafrika oder Amerika von der Sonne verwöhnt, eroberte sie die Weinwelt mit beerig-schokoladensüßer, warm-weicher sinnlicher Intensität; mit Barrique-Ausbau auch leicht rauchig mit dem Duft nach Trüffeln und Gewürzen des Orients. So verschieden sie auch sind, genießen beide Stile inzwischen höchste Anerkennung, sei es reinsortig oder als Cuvée zusammen mit Cabernet Sauvignon und Merlot (eher in Übersee) oder mit Grenache und Carignan (an der Südrhône und im Languedoc-Roussillon).

Tempranillo

[tempranijo]

SYNONYME Aragonez, Tinta Roriz (P-Douro), Tinto fino, Tinto del País (beide E-Ribera del Duero), Cencibel (E-Valdepeñas, La Mancha), Ojo de Liebre, Ull de Llebre (E-Katalonien), Tempranilla (Argentinien)

HERKUNFT ungeklärt, evtl. Mutation einer frz. Sorte

VERBREITUNG Spanien, Portugal (Douro, Dão), Argentinien, Frankreich, USA-Kalifornien, Australien, Mexiko, Kanada, Südafrika, Neuseeland, Uruguay

Weinstil: lebhaft-fruchtig bis elegant-kraftvoll

Farbe: hagebuttentönig bis brombeerrot

Körper: schlank bis mittelkräftig

Säure: säurearm

Aroma: Walderdbeere, Himbeere, Kirsche, Pflaume, Tabak, Kakao, Kräuter

Essenspartner: Chorizo (span. Wurst), Lammkeule, Schwein, Wild, Rebhuhn, reifer Hartkäse

WISSENSWERTES Spaniens Nummer eins, quantitativ wie qualitativ. Der Name bedeutet »der Frühe«, denn die Sorte reift früh. Trotz der sanften Säure wirkt der Wein lebendig und ist kein Langweiler wie früher, als er noch zu lange im Holzfass lag, bis er Farbe und Frucht verloren hatte. Der Aufbruch des modernen Tempranillo begann in Ribera del Duero als Tinto fino. Es dauerte, bis sich die Stiländerung durchsetzte, vor allem im berühmten Nachbargebiet Rioja, wo man noch am traditionellen Weinstil, klassisch mit Garnacha und Mazuelo in der Cuvée (→ S. 142) und langer Fassreife, festhielt. Fest steht, der Tempranillo hat Klasse – vom Trinkwein bis zum Spitzentropfen, mit oder ohne Fassausbau, reinsortig oder als Cuvée. Und gereift ist er einfach köstlich: samtig-geschmeidig, elegant.

Tempranillo

Teroldego rotaliano

[teroldego rotaljano]

SYNONYME Rubino, Teroldigo, Tiraldega, Toroldola

VERBREITUNG I-Trentino

- **Weinstil:** lebendig-fruchtig
- **Farbe:** rubinrot
- **Weine:** Teroldego Rotaliano
- **Körper:** mittel
- **Säure:** lebendig
- **Aroma:** Weichselkirsche, Himbeere, Heidelbeere
- **Essenspartner:** Pilzrisotto, Spaghetti bolognese

BESONDERHEITEN Die Sorte, die nur im Trentino wurzelt und als beste Sorte ihrer Heimat gilt, ist die Basis fröhlicher Rosés (Rosato) und fruchtig-würziger, dunkler bis tiefdunkler Rotweine (Rosso).

Tinta barroca

[tinta barroka]

SYNONYME Boca de Mina, Tinta barocca, Tinta grossa

VERBREITUNG Portugal (Douro, Ribatejo, Estremadura, Trás-os-Montes), Südafrika

Weinstil: vollmundig-aromatisch-delikat

Farbe: dunkles Rubinrot

Weine: Portwein; reinsortig: Südafrika

Körper: mittel

Säure: sanft

Aroma: Süßkirsche, Pflaume, reife Beeren

Essenspartner: Rinderrouladen, Eintöpfe, Wurst

BESONDERHEITEN Die früh reifende Sorte, eine der fünf Sorten im Portwein, erfüllt selbst an Nordhängen und in höheren, kühlen Lagen die Erwartungen: vollreife Trauben mit delikat saftiger Frucht und dunkler Farbe. Auch in Südafrika ist Tinta barroca die Basis portweinähnlicher Weine.

Tinto Cão

[tinto kauo]

SYNONYME D. Pedro, Farmento, Teinta Cam

VERBREITUNG vor allem Portugal, Kalifornien

Weinstil: duftig bis intensiv-würzig

Farbe: helles bis mittleres Rubinrot

Weine: Portwein

Körper: mittel, ausgeglichen, feine Tannine

Säure: harmonisch

Aroma: floral, Waldbeere, Kirsche, würzig, Zeder

Essenspartner: Rind, Fasan, Wildente, Taube

BESONDERHEITEN Tinto Cão wurde schon 1791 als eine der Toptrauben Portugals eingestuft. Sie ist hitzeempfindlich und braucht kühle Lagen, wo sie ihr Potenzial für vielschichtig-florale Frucht wie kaum eine der anderen vier Portweinsorten entwickelt.

Tocai friulano

[tokai frijulano]

SYNONYME Sauvignon gros, Tocai bianco, Tocai italico (I-Venetien), Trebbianello, Sauvignon vert (Chile), Sauvignonasse (Chile, Slowenien), Malaga, Tokai

VERBREITUNG Italien (Friaul, Veneto, Lombardei), Chile, Slowenien (Brda), Argentinien, Russland

Weinstil: leicht und blumig-frisch

Farbe: hellgelb

Weine: Bianco di Custoza, Breganze, Colli Euganei, Friuli Aquileia, Friuli Grave, Friuli Isonzo, Lison-Pramaggiore

Körper: leicht

Säure: angenehm frisch

Aroma: Mandeln, grüner Apfel, gelber Apfel, leicht floral (Kamille)

Essenspartner: Antipasti, Gemüsequiche, Spargel, Zwiebelkuchen, Pilzrisotto, Geflügel, Fisch

BESONDERHEITEN Nicht zu verwechseln mit dem Tokajer oder dem Tokay d'Alsace (Pinot gris). Die Weine sind meist unkompliziert, im Jungstadium animierend, manchmal ausdrucksstark, und schmecken herrlich zur regionalen Küche Nordostitaliens.

Torrontés

[torrontess]

SYNONYME Aris, Monastrell blanco, Torontel (Chile), Torontés, Terrantes, Turrondes, Turruntes de la Rioja

VERBREITUNG Argentinien (La Rioja, Mendoza, San Juan, Rio Negro), E-Galicien, Chile

Weinstil: trocken-kräftig und muskatartig

Farbe: brillantes Gelb

Weine: Ribeiro (Spanien), Torrontés (Argentinien)

Körper: mittelkräftig

Säure: kräftig, aber reif

Aroma: viel Muskat, Wiesenblume, Passionsfrucht

Essenspartner: mediterrane Fischküche (Dorade, Rotbarbe), helles Fleisch mit Kräutern, Manchego

BESONDERHEITEN Von den drei Spielarten der bedeutendsten Weißweinsorte Argentiniens (auch für Destillate und Tafeltrauben) ist Torrontés Riojano, benannt nach ihrer Anbauregion La Rioja (in Chile heißt sie Torontel), die wichtigste – vor der weniger feinen Torrontés Sanjuanino und der aromaschwächsten, Torrontés Mendocino.

Touriga franca

[turiga franka]

SYNONYME Tourigo francês, Albino de Souza, Touriga (USA-Kalifornien), Tinta barca, Touriga francesa

VERBREITUNG Portugal, Italien, USA-Kalifornien

Weinstil: intensiv fruchtig, feine Tannine

Farbe: mittleres bis dunkles Kirschrot

Weine: Douro, Portwein, Plenum Quintus

Körper: schmelzig, reif

Säure: sanft

Aroma: Maulbeere, Heidelbeere, Wildrose

Essenspartner: Ente, Perlhuhn, Nieren

BESONDERHEITEN Vor 2001 hieß die wichtigste Sorte am Douro noch Touriga francesa. Es ist nicht einfach, den dickhäutigen Beeren einer der Hauptsorten des Portweins ihr Potenzial zu entlocken: blumig-mineralische Frucht und edle, reife Tannine.

Touriga nacional

[turiga nasjonall]

SYNONYME Bical tinto, Mortagua preto, Preto mortagua, Touriga fina, Tourigão, Tourigo do Dão, Turiga

VERBREITUNG Portugal (Douro, Dão, Alentejo), Australien, USA, Südafrika

Weinstil: extrakt- und tanninreich

Farbe: brombeerfarben

Weine: Portwein, Ramos Pinto, Quinta do Crasto

Körper: kräftig

Säure: mittel

Aroma: Maulbeere, Kirsche, Brombeere, schwarzer Pfeffer, Leder, Rose, Veilchen

Essenspartner: Wild, Pilzgerichte, Ochsenschwanz, Schmorgerichte, würziger Schafskäse

BESONDERHEITEN Individuell, einzigartig – diese Sorte hat das Zeug zum Weltstar: tiefdunkel, mit komplexer Frucht, Tannin und Superbody. Nicht nur als Beste im Portweinquintett, sondern auch reinsortig grandios.

Traminer

[traminer]

SYNONYME Gewürztraminer, Dreimänner, Traminer aromatico (Italien), Clevner (D-Baden), Savagnin rose (Frankreich), Tramini piros (Ungarn), Mala dinka (Bulgarien), Cervena Rusiva (Kroatien)

HERKUNFT I-Südtirol (Tramin) oder altes Griechenland

VERBREITUNG Deutschland (Baden, Pfalz), F-Elsass, Österreich, I-Südtirol, Ungarn, Schweiz, Rumänien, Bulgarien, Kroatien, Tschechien, Australien, USA

Weinstil: würzig-duftig bis aromatisch-barock

Farbe: gelb bis dunkel goldgelb

Körper: voll bis wuchtig

Säure: dezent-frisch, eher zurückhaltend

Aroma: Rose, frische Traube, Zimt, exotisch

Essenspartner: Räucherfisch, Gans, Münsterkäse

WISSENSWERTES Ob Gewürztraminer mit dem Roten Traminer identisch ist oder nur seine Spielart – darüber ist man sich noch nicht einig. Auf jeden Fall werden hierzulande aus der kleinbeerigen Sorte mit der typischen rötlich schimmernden Traubenhaut eher Weißweine gekeltert. Auf Hitze reagiert Traminer mit hohem Alkohol und Säureverlust, während er im kühlen Klima im Idealfall zu trockenen, bezaubernd duftigen Weinen oder zu edelsüßen Schönheiten mit üppigem Körper und viel Länge heranreifen kann.

Trebbiano

[trebjano]

SYNONYME Procanico (I-Umbrien), Thalia, Ugni blanc (Frankreich), Lugana (I-Venetien)

Traminer

VERBREITUNG Italien, Frankreich, Portugal, Bulgarien, Griechenland, Russland, Argentinien, Brasilien, USA

- **Weinstil:** neutral bis erfrischend, leicht-fruchtig
- **Farbe:** hell- bis zitronengelb
- **Weine:** Lugana, Cassis (Provence), Orvieto
- **Körper:** leicht bis mittel
- **Säure:** frisch, manchmal kantig
- **Aroma:** grüner Apfel, Zitrus, leicht würzig
- **Essenspartner:** Fisch, Pasta, Antipasti

BESONDERHEITEN Weltweit an dritter Stelle, steht in fast jeder Region Italiens eine andere Variante. Die wertvollste ist die kleinbeerige Procanico aus Umbrien, gefolgt von Trebbiano di Lugana mit aromatisch-frischen Weinen. Die meisten anderen schmecken eher neutral und eignen sich daher gut zum Brennen, also für Destillate.

Treixadura

[trejschadura]

SYNONYME Trajadura, Trinca Dente, Verdello rubio

VERBREITUNG E-Galicien (Rías Baixas, Ribeiro, Monterrei)

Weinstil: elegant-strukturiert

Farbe: grünlich-gelb

Weine: Treixadura

Körper: mineralisch, körperreich, alkoholstark

Säure: mittel

Aroma: Apfel, floral, Zitrone,

Essenspartner: Jakobsmuscheln, Shrimps

BESONDERHEITEN Die Sorte reift zwar ungleichmäßig, aber der Aufwand lohne sich, sagen passionierte Winzer. Für Aufmerksamkeit sorgen die Weine vom Schieferboden aus Ribeiro: feine Struktur, animierende Frucht, elegant. Sonst sind dort eher Cuvées mit Godello, Albariño oder Loureira üblich.

Trincadeira preta

[trincadeera preta]

SYNONYME Tinta amarela (P-Douro), Crato preto, Rabo de Ovelha tinto (P-Vinho Verde)

VERBREITUNG Portugal (Alentejo, Douro, Estremadura, Terras do Sado), Südafrika

Weinstil: vollmundig-würzig-tanninreich

Farbe: mittel- bis dunkelviolett

Weine: Trincadeira preta

Körper: mittel bis kraftvoll und elegant

Säure: harmonisch

Aroma: Zimt, Nelken, dunkle Beeren

Essenspartner: würzige Schmorgerichte

BESONDERHEITEN Im Alentejo eine der traditionsreichsten Sorten. In trockenen Regionen mit mageren Böden kommen ihre Stärken besonders zur Geltung: warme und beerige Aromen, ausgewogene Tannine. Das recht hohe Tannin kann die Reifefähigkeit verbessern.

Trollinger

[trollinger]

SYNONYME Vernatsch (I-Südtirol), Schiava (Italien), Großvernatsch, Schiava grossa, Black Hamburg, Modri Tirolan (Balkan), Chasselas de Jérusalem (Frankreich)

VERBREITUNG D-Württemberg, I-Südtirol

Weinstil: dünn-belanglos bis kernig-herzhaft-fruchtig

Farbe: blassrot bis leichtes Rubinrot

Weine: Trollinger (rosé und rot), Schiava, Schiava grossa

Körper: leicht

Säure: frisch

Aroma: Schlehe, Sauerkirsche, Kräuter

Essenspartner: Spätzle mit Kalb, Polenta mit Pilzen, Linsensuppe, Risotto mit Radicchio

BESONDERHEITEN Trollinger ist und bleibt der Schwaben liebster Tischwein. Er ist, bis auf wenige Ausnahmen, meist von schlichter Qualität. Besser sind Cuvées mit Lemberger, der den Trollinger aufwertet.

Verdejo

[werdecho]

SYNONYME Boto de Gall, Gouvelo, Verdejo palido

VERBREITUNG Spanien (Rueda, Cigales, Toro)

- **Weinstil:** trocken, gehaltvoll mit guter Struktur
- **Farbe:** hell sonnengelb
- **Weine:** Rueda
- **Körper:** mittel bis füllig
- **Säure:** harmonisch-frisch
- **Aroma:** kräuterwürzig (Lorbeer), Zitrus, Anis, Nüsse, Honig, Zeder (im Holz gereift)
- **Essenspartner:** gegrillte Meeresfrüchte, Krebs, Fenchelgemüse, Fischtatar (z.B. Schwertfisch)

BESONDERHEITEN Ob solo oder als Cuvée mit Macabeo bzw. Viura, ob mit oder ohne Ausbau im Barrique – die köstlichen, dem Sauvignon blanc ähnlichen Weine zählen zu den besten, langlebigsten Weißweinen Spaniens.

Verdicchio

[werdikio]

SYNONYME Giallo, Marchigiano, Mazzanico, Peloso, Trebbiano verde, Uva Aminea, Uva Marana, Verdone

VERBREITUNG Italien (Marken)

- **Weinstil:** leicht und lebendig-anregend
- **Farbe:** strohgelb
- **Weine:** Verdicchio dei Castelli di Jesi, Verdicchio di Matelica
- **Körper:** leicht bis mittel

Säure: frisch, auch leicht zitronig

Aroma: Apfel, Zitrone, Pfirsich, nussig

Essenspartner: Meeresfrüchtesalat, gegrillter Fisch mit grünem Salat, Bulgur-Petersilien-Salat

BESONDERHEITEN Verdicchio, eine sehr alte Sorte, ist möglicherweise eng mit der Trebbiano verwandt bzw. eine ihrer zahlreichen Spielarten. Ein Indiz dafür wäre ihre apfelig-frische Frucht.

Vermentino

[wermentino]

SYNONYME Rolle, Malvoisie de Corse, Pigato

VERBREITUNG Italien (vor allem Sardinien, Toskana, Ligurien), Frankreich (Korsika, Languedoc-Roussillon)

Weinstil: frisch bis füllig-lebendig mit Charakter

Farbe: goldgelb

Weine: Vermentino di Gallura, Vermentino di Sardegna, Riviera Ligure di Ponente, Colli di Luni, Cinque Terre

Körper: mittel bis kräftig

Säure: harmonisch-frisch

Aroma: Zitrone, Nüsse, mediterrane Kräuter wie Thymian, Lorbeer

Essenspartner: gegrillter Tintenfisch, Fischterrine, weißes Fleisch, Kaninchen

BESONDERHEITEN Die wahrscheinlich von Madeira eingeführte Sorte wird vorwiegend in Sardinien angepflanzt, mit den besseren Ergebnissen in kühleren Hochlagen. Auch in Korsika, Ligurien, der Toskana und dem Roussillon (hier Rolle genannt) entwickelt sie ihr appetitliches Aroma, fülligen Körper und Säure.

Vernaccia

[wernatscha]

SYNONYME Bergamasca, Guarnaccia; Cerretana (rot)

VERBREITUNG Italien (Toskana, Marken, Sardinien)

- **Weinstil:** erfrischend-süffig bis üppig und Sherry-ähnlich
- **Farbe:** strohgelb bis dunkel goldgelb
- **Weine:** Vernaccia di San Gimignano, Vernaccia di Serrapetrona, Vernaccia di Oristano
- **Körper:** mittel bis üppig
- **Säure:** harmonisch
- **Aroma:** würzig-floral, Nüsse, Akazienhonig
- **Essenspartner:** Gnocchi oder Ravioli mit Salbei, gegrillter Fisch (zu Vernaccia di San Gimignano)

BESONDERHEITEN Unter dem Namen Vernaccia (von *vernacolo*, »einheimisch«) rangieren weiße und rote, verwandte und nicht verwandte Arten. Am bekanntesten ist der Vernaccia di San Gimignano, der jung getrunken am reizvollsten schmeckt.

Viognier

Viognier

[wionjeh]

SYNONYME Galopine, Petit Viognier, Viogne, Vionnier

HERKUNFT vermutlich verwandt mit Freisa (Italien)

VERBREITUNG Frankreich (Condrieu, Côtes du Rhône, Languedoc-Roussillon), Italien, Spanien, Deutschland, Österreich, Schweiz, USA-Kalifornien, Australien, Südfrika, Argentinien, Brasilien, Chile, Neuseeland, Uruguay

Weinstil: vollmundig

Farbe: intensiv goldgelb

Körper: voll

Säure: sanft

Aroma: Wiesenblumen, Aprikose, Grapefruit, Pfirsich, Veilchen, Quitte, Zitrus, Lindenblüte

Essenspartner: Frühlingsrolle, Huhn, asiatisches Gemüse, Krabben, Hummer, Ziegenkäse

WISSENSWERTES Viognier findet inzwischen weltweite Beachtung. Ursprünglich standen nur ein paar Stöcke an der Nordrhône: in der Miniregion Condrieu, wo sie schon lange als Basissorte wurzelt (u.a. im nur Insidern bekannten Château-Grillet), und an der Côte Rôtie, wo sie mit 20% Anteil manchen Rotwein mit ihrem feinen Aroma aufwertet. In den letzten Jahrzehnten hat sich die robuste und ertragssichere Sorte nicht nur weiter südlich an der Rhône und im Languedoc-Roussillon etabliert, sondern auch in Übersee, vor allem in Kalifornien. Ihr Erfolg beruht auf ihren Qualitäten, einer herrlichen Kombination aus viel Extrakt, Charakter, wenig Säure und seidiger Struktur plus hohem Alkoholgrad. Sie muss voll ausreifen, damit sie auch in eine Cuvée mit Marsanne oder Roussanne Fülle und exotische Aromen einbringen kann.

Weißburgunder

[weißburgunder]

SYNONYME Weißer Burgunder, Pinot blanc, Pinot bianco, Clevner, Pinot Chardonnay, Rouci Bile

HERKUNFT F-Burgund (Mutante des Pinot noir)

VERBREITUNG Norditalien, Deutschland, Österreich, F-Elsass, Luxemburg, Neuseeland, Ungarn, Moldawien

Weinstil: fruchtig-elegant bis körperreich und rund

Farbe: hellgelb bis goldgelb

Körper: mittel bis körperreich

Säure: lebendig-frisch

Aroma: Birne, Apfel, Nuss, Kräuter, Wiesenblumen

Essenspartner: Fisch, Spargel, Muscheln, Huhn

WISSENSWERTES Verglichen mit dem sonst weltweit höher geschätzten Chardonnay hat der Weißburgunder gerade hier in Deutschland und in unserem Klima häufiger die Nase vorn, weil er im Idealfall die interessanteren Weine hervorbringt: gut strukturiert, elegant in der Säure und feinfruchtig. Im Elsass entstehen großartige Pinot blancs sowie Grundweine für Schaumwein (Crémant d'Alsace). Wie alle Burgundersorten versteht er sich bei guter Reife prächtig mit dem Barrique. Aber auch ohne Holz besitzt er viel Charme und ist ein idealer Essensbegleiter.

Welschriesling

[welschriesling]

SYNONYME Riesler (Österreich), Graševina (Kroatien), Olasz Rizling (Ungarn), Rizling vlašský (Tschechien, Slowakei), Riesling italico (Italien)

Weißburgunder

VERBREITUNG Österreich, Italien, Ungarn, Albanien, China, Slowenien, Russland, Bulgarien, Tschechien

- **Weinstil:** neutral, leicht-fruchtig bis aromatisch
- **Farbe:** grüngelb
- **Weine:** Welschriesling, Riesling Italico
- **Körper:** leicht
- **Säure:** spritzig bis kräftig
- **Aroma:** grüner Apfel, Zitrone, Aprikose, weißer Pfeffer
- **Essenspartner:** Tafelspitz, Wiener Schnitzel

BESONDERHEITEN Die Sorte profitiert von der Namensähnlichkeit mit dem Riesling, aber sie sind weder verwandt noch ähnlich – bis auf die knackige Säure, die würzig-cremigen Dessertweinen wie auch Schaumweinen eine sehr angenehme Frische verleiht. Die italienische Variante hält qualitativ nicht mit.

Xarel-lo

[ksarello]

SYNONYME Pansa blanca (E-Allela), Viñate (E-Tarragona), Pensal blanco (E-Mallorca), Cartoixa, Vinate

VERBREITUNG E-Katalonien (Alella, Penedès, Ampurdán-Costa Brava, Costers del Segre, Tarragona), E-Murcia

Weinstil: körper- und extraktreich, füllig

Farbe: goldgelb

Weine: Cava (Cuvée mit Parellada, Macabeo)

Körper: meist körperreich

Säure: mittel bis kräftig

Aroma: gelbe Früchte, Hasel- und Walnuss

Essenspartner: Fisch, Geflügel, Tapas

BESONDERHEITEN Als Pansa blanca spielt die Sorte in Alella eine wichtige Rolle, im Cava, dem berühmten Schaumwein Spaniens aus der Region Penedès, die Hauptrolle. Zusammen mit Macabeo und Parellada sorgt sie im Trio für Körper, Struktur und Fülle. Außerdem eignet sich die früh reifende, ertragreiche Sorte vorzüglich für den Ausbau im kleinen Eichenfass.

Xynomavro

[ksinomawro]

SYNONYME Csinomavro, Mavro Naoussis, Popolka, Zynomavro, Niaoysa, Niaoystino, Xynomavro Bolgar

VERBREITUNG in ganz Griechenland

Weinstil: füllig-geschmeidig, manche tanninreich

Farbe: brombeerfarben bis tiefdunkel

Weine: Rapsani, Naoussa, Goumenissa, Amindeon

Körper: mittel

Säure: hoch

Aroma: Kirsche, Waldbeere, Erdbeere, Feige, Teer

Essenspartner: Wild, deftige Schmorgerichte

BESONDERHEITEN Auch wenn ihr Name übersetzt »Saurer Schwarzer« bedeutet, präsentiert sich die uralte und anbaustärkste Sorte Griechenlands (vermutlich ein Pinot-noir-Klon) insgesamt freundlich. Sie erbringt gute Rot- und Schaumweine.

Zierfandler

[zierfandler]

SYNONYME Fliegentraube, Frankenriesling, Augustiner weiß, Arvine, Gamay blanc, Gros Plant du Rhin, Cynifal, Monterey Riesling, Mishka, Moravka, Clozier

VERBREITUNG Österreich (Thermenregion)

Weinstil: kraftvoll-kompakt

Farbe: gelb-gold

Weine: Zierfandler, Spätrot (seltener zu finden)

Körper: meist körperreich bis opulent

Säure: mineralisch-rassig

Aroma: nussig-würzig, Limette, Quitte, exotisch

Essenspartner: Meeresfrüchte, Kalb, Geflügel

BESONDERHEITEN Diese Sorte, die wie der Rotgipfler zu den »Stubenhockern« ihrer Heimat zählt – in diesem Fall der Thermenregion –, verdient, aus kundiger Winzerhand, zunehmend höchste Anerkennung. Ob trocken, halbtrocken oder süß, präsentieren sich die Weine mit raffinierter Säure und komplexem Körper.

Zinfandel

[sinfandell]

SYNONYME Primitivo (I-Apulien), Gioia del Colle, Crljenak (Kroatien), Plavac Veliki, Primaticcio, Zinfardel

HERKUNFT Kroatien

VERBREITUNG I-Apulien, USA (Kalifornien, New Mexico, Texas, Oregon), Australien, Südafrika, Chile, Argentinien, Neuseeland

Weinstil: süßlich-weich bis kraftvoll-muskulösreich

Farbe: kirschrot bis brombeerschwarz

Körper: mittel bis ausladend

Säure: angenehm

Aroma: Cassis, Brombeere, Kirsche, Backpflaume, schwarzer Pfeffer, Muskatnuss, Rosinen

Essenspartner: Grillfleisch, Wild, Gulasch, Schmorgerichte, herzhafter Hartkäse

WISSENSWERTES Die Geschichte der seit 1851 in Kalifornien beheimateten Zinfandel ähnelt dem Märchen vom Aschenputtel. Lange produzierte die relativ starkwüchsige Sorte, die mit dem Nachteil behaftet ist, innerhalb einer Traube ungleichmäßig zu reifen, nur Massenweine unterster Qualität, vor allem den rosigen, grässlich süßlichen White Zinfandel, auch Blush Wine genannt. Als man das Potenzial der Sorte erkannte, begann sie zu Höchstform aufzulaufen und lieferte bald die ausdrucksstärksten Weine Kaliforniens, international gleichermaßen umjubelt von Weinmachern, Journalisten und Konsumenten. Von ihrem Erfolg profitiert bis heute die Primitivo aus dem süditalienischen Apulien, erwiesenermaßen mit ihr identisch. Die besten »Zins« sind köstlich-cremige Monster voll sinnlicher Kraft und einfach legendär.

Zinfandel

Zweigelt

[zweigelt]

SYNONYME Kreuzung aus St-Laurent × Blaufränkisch

VERBREITUNG Österreich (vor allem Burgenland)

- **Weinstil:** fruchtig-frisch bis harmonisch mit Biss
- **Farbe:** rubinrot mit violetten Reflexen
- **Weine:** Zweigelt
- **Körper:** mittelkräftig
- **Säure:** lebendig
- **Aroma:** Herzkirsche, Pfeffer, Beerengelee
- **Essenspartner:** Ochsenschwanz, Wildgeflügel

BESONDERHEITEN Zweigelt zählt heute zu den leckersten Alltagsweinen. Er schmeckt jung am besten, kann aber auch Reifepotenzial besitzen.

KNIPSER KNIPSER
KNIPSER KNIP
KNIPSER
X
Cuvée 2007
KNIPSER
X
Cuvée 2006
KNIPSER
X
Cuvée 2007

CUVÉES UND IHRE REBSORTEN

Für eine Cuvée – auch Verschnitt genannt – werden Trauben verschiedener Rebsorten gemeinsam gepresst und vergoren oder man mixt die schon vergorenen Weine unterschiedlicher Sorten, Lagen, Fässer, Tanks – selten Jahrgänge (beispielsweise Champagner, Sherry). Die Auswahl ist meist gesetzlich geregelt, hängt aber häufiger vom Stil des Weinguts oder Champagnerhauses ab. Als Assemblage bezeichnet man den Verschnitt hochwertiger Grundweine, etwa beim Champagner.

Amarone

[amarone]

REBSORTEN Corvina (Hauptsorte, teilweise bis zu 85% enthalten), Rondinella (zweitwichtigste Sorte, bis 40%), Molinara (10–20%)

HERKUNFT Italien-Veneto

Weinstil: wuchtig, mächtig, oxidativ (wenn tradioneller Stil), langer Abgang, Reifepotenzial

Farbe: mittel- bis dunkelviolett

Körper: opulent, extraktreich, alkoholreich

Säure: samtig-rund

Aroma: Süßkirsche, Pflaume, Karamell, Nelke, Dörrpflaume, Feige, Kakao, Tabak, Gewürze

Essenspartner: Schmorgerichte mit Lamm oder Rind, Wild, Gans, Hartkäse (Pecorino, Parmigiano)

BESONDERHEITEN Anbaugebiet, Rebsorten, auch deren Anteile – alles ist wie beim Valpolicella, jedoch nicht die Weinbereitung: Für den Amarone (von *amaro*, »bitter«) erntet man die reifsten, gesündesten Beeren und legt sie zum Trocknen aus, um dann aus diesen Rosinen mächtige Rotweine mit viel Charakter und langer Lebensdauer zu vergären.

Bardolino

[bardolino]

REBSORTEN: Corvina (Hauptsorte), Rondinella (bis 40%), Molinara, in manchen auch Negrara, Rossignola, Barbera, Garganega (weiß), Sangiovese

HERKUNFT Italien (Veneto)

Weinstil: leicht und fruchtig, meist unkompliziert

Farbe: helles bis mittleres Rubinrot

Körper: leicht, beschwingt

Säure: harmonisch-frisch

Aroma: Kirsche, Mandel

Essenspartner: Pizza, Pasta bolognese, Lasagne, Lammkeule, Antipasti, trockene Schweinewurst

BESONDERHEITEN Bardolino wird aus denselben Sorten wie Valpolicella oder Amarone gekeltert, ist aber deutlich fruchtiger und leichter. Weine mit dem Zusatz »Classico« und »Superiore« sind die bessere Wahl. Bardolino Chiaretto heißt die Rosé- bzw. Rosato-Version.

Blanc de Blancs

[blong de blong]

REBSORTEN Chardonnay, Pinot blanc, Pinot gris, Chenin blanc
HERKUNFT Frankreich (Champagne, Loire, Elsass, Languedoc-Roussillon)

Weinstil: trocken-frisch

Farbe: hell- bis goldgelb

Körper: leicht bis lebendig-füllig

Säure: frisch und lebendig

Aroma: Wiesenblumen, nussig, Biskuit, Honig

Essenspartner: Aperitif, Quiche Lorraine, Fisch

BESONDERHEITEN Blanc de Blancs (»Weißer von Weißen«) wird ausschließlich von weißen Trauben erzeugt. Die Bezeichnung wird fast nur noch für Schaumweine verwendet, z.B. für Crémant und Champagner »Blanc de Blancs«, zu 100 % aus Chardonnay gekeltert.

Bordeaux (trocken)

[bordoh]

REBSORTEN WEISS Sauvignon blanc, Sémillon, Muscadelle; selten: Colombard, Merlot blanc, Ugni blanc

REBSORTEN ROT Cabernet Sauvignon, Merlot, Cabernet franc, Carmenère, Petit Verdot, Malbec

HERKUNFT WEISS F-Bordeaux (Graves, Pessac-Léognan, Entre-Deux-Mers, Graves de Vayres, Côte de Blaye)

HERKUNFT ROT F-Bordeaux (Médoc, Pomerol, St-Emilion, Pessac-Léognan, Graves, Graves de Vayres, Fronsac, Côtes de Castillon, Premières Côtes de Bordeaux, Côte de Bourg, Côtes de Blaye)

Weinstil (weiß): fruchtig bis elegant-komplex

Weinstil (rot): fruchtig bis elegant-vielschichtig-ausdrucksstark und langlebig

Farbe (weiß): helles bis mittleres Gelb-Gold

Farbe (rot): mittleres bis dunkles Rubinrot

Körper (weiß und rot): mittel bis körperreich

Säure (weiß): frisch bis mittel

Säure (rot): mittel, selten auch etwas rustikal

Aroma (weiß): Zitrus, Honig, Melone, Apfel, Passionsfrucht

Aroma (rot): Cassis, Brombeere, Minze

Essenspartner (weiß): Atlantikfisch, Austern, Schalen- und Krustentiere, Muscheln, Kalb

Essenspartner (rot): Rind, z. B. Rumpsteak, Schmorbraten, Gulasch, Wild, Ochsenschwanz, Lamm, Gans, Ente, Trüffel

BESONDERHEITEN Verschiedene Rebsorten in einer Cuvée zu vereinen hat in der Region Bordeaux sowohl für Weiß- als auch für Rotwein lange Tradition. Die Zusammensetzung hängt von der Güte des Jahrgangs in der jeweiligen Region (Médoc, St-Emilion usw.) und vom Geschmacksprofil eines Château ab. Generell kann man aber sagen, dass am linken Ufer des Flusses Gironde (Médoc, Pessac-Léognan, Graves usw.) im roten Bordeaux Cabernet Sauvignon als Hauptsorte dominiert, am rechten Ufer (St-Emilion, Pomerol usw.) Merlot. Beim trockenen weißen Bordeaux wird die Cuvée zu 80% von Sauvignon blanc bestimmt, während Sémillon die zweite Geige spielt. Bordeaux bildet unbestritten nach wie vor den Nabel des Qualitätsweinbaus, trotz glorreicher Verkostungserfolge von Cabernets Sauvignons, Merlots und ehrgeizigen Cuvées aus dem übrigen Europa oder aus Übersee. Alle diese Siege konnten und können den berühmten Château-Weinen aus Bordeaux und ihrem unumstößlichen Image nichts anhaben, weil sie einfach einzigartig sind.

Barriques im Weinkeller von Château Lafite Rothschild in Pauillac

Cava

[kawa]

REBSORTEN Xarel-lo, Parellada, Macabéo (die klassischen Hauptsorten), Trepat (Rosato-Cavas); modern: Chardonnay (in manchen Cavas pur) und Pinot noir

HERKUNFT E-Katalonien (Cava)

- **Weinstil:** neutral bis feinfruchtig, mineralisch, delikat-vielschichtig
- **Farbe:** hellgelb bis grüngelb
- **Körper:** leicht
- **Säure:** sanft bis pikant-frisch
- **Aroma:** Apfel, zitronig, mediterrane Kräuter, Blütenhonig, Mandeln
- **Essenspartner:** Aperitif, Tapas, Lachs, Forelle

Cava-Flaschen auf Rüttelpulten bei Raventós i Blanc

BESONDERHEITEN In Spanien heißen Schaumweine Cava (span. Keller). Die besten – nach der Champagnermethode bereitet – stammen aus dem gleichnamigen Gebiet im katalanischen Penedès und reifen vor dem Verkauf mindestens 9 Monate, Jahrgangs-Cavas 3 Jahre, die besten bis 50 Monate. »Reservas« müssen 15, »Gran Reservas« 30 Monate auf der Hefe reifen, mit der Bezeichnung »Fermentación en botella« nur 2 Monate. Beim »Vino gasificado« wurde der Grundwein mit Kohlensäure aufgesprudelt.

Champagner

[schampanjer]

REBSORTEN WEISS Chardonnay

REBSORTEN ROT Pinot noir, Pinot Meunier

HERKUNFT F-Champagne

Weinstil: trocken-mineralisch-komplex bis süß

Farbe: schillerndes helles Gelb bis goldgelb

Körper: leicht bis volumig-komplex

Säure: frisch bis lebendig mit Nerv

Aroma: mineralisch, Blüten, Nuss, Biskuit

Essenspartner: Aperitif, Kaviar, Austern, Hummer, helles Fleisch mit frischen Saucen, Chaource

BESONDERHEITEN Fast alle Champagner aus der Region Champagne sind Cuvées aus bis zu 50 Grundweinen verschiedener Jahrgänge und Lagen. Je höher die Qualität (Cuvée Prestige, Jahrgangs-Champagner), umso weniger Pinot Meunier (Müllerrebe) ist enthalten, dafür mehr Pinot noir und/oder Chardonnay. »Blanc de Blancs« ist purer Chardonnay, »Blanc de Noirs« basiert nur auf roten Trauben. Rosé-Champagner ist der einzige Qualitätsschaumwein Europas, der aus roten und weißen Weinen bereitet werden darf.

Châteauneuf-du-Pape

[schatonöf-dü-pab]

REBSORTEN WEISS Bourboulenc, Clairette, Picardan, Picpoul, Roussanne

REBSORTEN ROT Grenache noir (Hauptsorte), Cinsaut, Counoise, Mourvèdre, Muscardin, Syrah, Terret noir, Vaccarèse

HERKUNFT WEISS UND ROT F-Châteauneuf-du-Pape

- **Weinstil (weiß):** saftig bis schwer-alkoholreich
- **Weinstil (rot):** vollmundig-würzig-komplex
- **Farbe (weiß):** helles bis mittleres Gelb-Gold
- **Farbe (rot):** dunkles Granatrot
- **Körper (weiß und rot):** elegant bis muskulös
- **Säure (weiß und rot):** harmonisch

Typischer Boden mit hohem Kiesanteil in einem Weinberg in Châteauneuf-du-Pape

Aroma (weiß): Butter, Thymian, Fenchel, Honig

Aroma (rot): Maraschinokirsche, Pflaume, Brombeere, Heidelbeere, Zimt, Pfeffer, Thymian, Rosmarin, Wacholder, schwarze Oliven, Teer, Trüffel

Essenspartner (weiß und rot): Fleisch oder Fisch vom Grill, Wild, Lamm mit schwarzen Oliven

BESONDERHEITEN Von 13 zugelassenen Sorten stellt Grenache wegen ihrer süßen, samtigen Frucht oft mehr als die Hälfte in roten Cuvées. In der modernen Variante wird sie unterstützt von Syrah für mehr Tannin und Struktur und der geschätzten Mourvèdre, während die weißen Sorten, anders als in der klassischen Cuvée, nur in den weißen Châteauneuf eingehen.

Chianti

[kijanti]

REBSORTEN ROT Sangiovese (Hauptsorte), Canaiolo nero, Mammolo, Cabernet Sauvignon, Merlot, Syrah

REBSORTEN WEISS Trebbiano, Malvasia

HERKUNFT I-Toskana

Weinstil: herb-lebendig bis tanninreich

Farbe: hagebuttentönig bis dunkelgranatrot

Körper: mittel

Säure: kräftig bis abgerundet (mit Merlot, Syrah)

Aroma: Kirsche, Pflaume, erdig, Rosmarin

Essenspartner: Lasagne, Pizza, Hase, Wildschwein

BESONDERHEITEN Rund um die Chianti-Classico-Zone erstreckt sich das ausgedehnte Chianti-Gebiet (unterteilt in die Unterzonen Colli Arentini, Colli Fiorentini, Colline Pisane, Colli Senesi, Montalbano, Montespertoli, Rufina) mit vielen angenehmen Trinkweinen.

Chianti Classico

[kijanti klassiko]

REBSORTEN ROT Sangiovese (Hauptsorte), Canaiolo nero, Mammolo, Cabernet Sauvignon, Merlot, Syrah

REBSORTEN WEISS (sehr selten) Trebbiano, Malvasia

HERKUNFT I-Toskana

- **Weinstil:** herb-lebendig bis tanninreich
- **Farbe:** dunkelrot bis dunkelgranatrot
- **Körper:** mittel und lebendig (je nach Cuvée)
- **Säure:** kräftig bis abgerundet (mit Merlot, Syrah)
- **Aroma:** Kirsche, Schwarzfrucht, Veilchen, Tabak
- **Essenspartner:** Rindersteak, Hase, Wildschwein

BESONDERHEITEN Im Chianti Classico mit dem Gallo Nero (»Schwarzer Hahn«) als Schutzmarke stellt Sangiovese mit mindestens 80% den Löwenanteil in der Cuvée. Bis Mitte des 19. Jh. wurde noch weiß und rot zusammen gekeltert, was bäuerlich-rustikale Weine ergab. Vor etwa 30 Jahren änderte sich der Stil radikal, hin zu mehr Charakter und Farbtiefe. »Classico« darf frühestens am 1. Oktober im Jahr nach der Ernte, die »Riserva« frühestens nach 24 Monaten, davon mindestens 3 Monate in der Flasche, verkauft werden.

Corbières

[korbiär]

REBSORTEN WEISS Malvoisie, Grenache blanc, Marsanne, Roussanne, Rolle (Vermentino), Macabeo

REBSORTEN ROT Carignan, Grenache, Mourvèdre, Lledoner Pelut, Syrah, Cinsaut (wenig), Terret noir

HERKUNFT F-Languedoc

Chianti-Classico-Weinflaschen mit dem typischen »Gallo Nero«

- **Weinstil (weiß):** füllig, warm-würzig
- **Weinstil (rot):** fruchtig-intensiv mit Struktur
- **Farbe (weiß):** helles bis mittleres Gelb-Gold
- **Farbe (rot):** rubinrot, auch dunkelviolett
- **Körper (weiß und rot):** füllig bis kräftig
- **Säure (weiß und rot):** harmonisch
- **Aroma (weiß):** Wildblumen, mediterrane Kräuter
- **Aroma (rot):** wilde Kräuter, Teer, Schwarzfrüchte
- **Essenspartner (weiß und rot):** mediterrane Küche

BESONDERHEITEN Auf Plateaus, Tälern und Hängen wachsen aromatisch-füllige Rot- und Weißweine mediterraner Prägung. Besonders die Roten eignen sich gut für Fassausbau.

Coteaux du Languedoc

[kotoh dü langedok]

REBSORTEN Grenache, Mourvèdre, Syrah, Terret noir, Carignan, Cinsaut, Picpoul noir, Lledoner Pelut

HERKUNFT F-Languedoc

Weinstil: leicht bis schmelzig-beerig, körperreich, rustikale bis reife Tannine

Farbe: hell- bis dunkelviolett

Körper: mittel bis fleischig, strukturiert

Säure: kräftig bis abgerundet (mit Merlot, Syrah)

Aroma: Kirsche, Schwarzfrucht, Pflaume, orientalische Gewürze, Leder, Zeder

Essenspartner: Rindersteak, Ragout, Kaninchen, mediterran zubereiteter Fisch

BESONDERHEITEN Riesiges Gebiet, in dem bis heute alles wächst: vom schlichten Vin de Table (Tafelwein) und fruchtig-leichten Vin de Pays (Landwein) bis zu großartigen Rotweinen aus den Subregionen (Corbières, La Clape, Faugères, St-Chinian, Minervois, Fitou, Montpeyrous, La Méjanelle, Côtes du Roussillon), die seit zehn Jahren teils für Furore sorgen.

Côtes de Provence

[koht de prowongs]

REBSORTEN Grenache, Mourvèdre, Syrah, Tibouren, Carignan, Cinsaut, Barbaroux, Cabernet Sauvignon

HERKUNFT F-Provence

Weinstil: lebendig-fröhlich bis würzig

Farbe: hell bis satt lachsfarben

Körper: mittel und lebendig-frisch

Säure: harmonisch, sanft

Aroma: floral-fruchtig, Himbeere, Erdbeere

Essenspartner: Bouillabaisse, Mittelmeerfisch

BESONDERHEITEN Die Weine der Côtes de Provence machen 80% der Gesamtproduktion der Provence aus und 80% davon sind fruchtig-fröhlich. Ernsthafte Rosés höherer Qualität stammen eher aus den westlichen Nachbarregionen Coteaux d'Aix-en-Provence und Coteaux Varois.

Côtes du Rhône

[koht dü rohn]

REBSORTEN Grenache, Mourvèdre, Syrah, Carignan, Cinsaut, Counoise, Terret noir, Vaccarèse, Muscardin

HERKUNFT F-Rhône

Weinstil: rustikal-fruchtig bis füllig-kraftvoll

Farbe: dunkelrubinrot

Körper: elegant bis kräftig, manche wuchtig

Säure: harmonisch

Aroma: fruchtig-würzig,

Essenspartner: Grill- und Schmorgerichte, Pilze (schwarzer Trüffel), Terrinen, deftiges Gemüse

BESONDERHEITEN Fast alle Côtes-du-Rhône-Weine stammen aus dem Gebiet zwischen Montélimar rhône-abwärts fast bis Avignon und sind von eher schlichter Qualität. Eine Steigerung bieten die Côtes du Rhône-Villages, deren Beste aus Gigondas und Vacqueyras kommen. Sie wachsen dort auf den besten Böden, unterliegen strengeren Normen und können hervorragend sein.

Côtes du Roussillon

[koht dü russijong]

REBSORTEN Carignan, Grenache, Lledoner Pelut (Mutation der Grenache), Syrah, Mourvèdre, Cinsaut

HERKUNFT F-Roussillon

- **Weinstil:** intensiv-kräftig bis elegant-komplex
- **Farbe:** tiefdunkel bis schwarzviolett
- **Körper:** dicht, gehaltvoll, mächtig
- **Säure:** ausgeglichen, mineralisch
- **Aroma:** schwarze Beerenfrucht, schwarze Oliven, mediterrane Kräuter, Teer, orientalische Gewürze
- **Essenspartner:** Wildgeflügel, Rindersteak, Wild, Schmorgerichte, Lammkeule, milder Schafskäse

BESONDERHEITEN Das Roussillon hat ein Riesenpotenzial für große Rotweine und erregt damit Aufsehen.

Messingsiegel auf einem Madeira-Fass

Grund dafür sind die oft schieferhaltigen Böden in den besseren Lagen der Côtes du Roussillon-Villages sowie sehr alte Reben, die auf den Hügeln rund um Perpignan in geschützten Lagen wurzeln und lange nur von einigen Winzern, die auf Qualität setzten, beachtet wurden. Inzwischen bietet die Region aufregend-warme, sinnliche Weine, in denen sich die Kraft der Sonne mit den würzigen Eichenaromen des Barrique paart.

Madeira

[madera]

REBSORTEN Sercial, Verdelho, Bual, Malmsey (Malvasia), Terrantez, Moscatel, Bastardo, Tinta negra mole

HERKUNFT P-Madeira

Weinstil: elegant-duftig bis üppig-cremig

Farbe: gelb-gold bis tiefdunkles Bernstein

Körper: elegant bis opulent, mächtig

Säure: lebendig-mineralisch bis harmonisch-fein

Aroma: Limone, Orange, Toffee, Kaffee, Schokolade, Vanille, balsamische Noten, Kräuter

Essenspartner: Mousse au chocolat, Le Nègre (Schokoladenkuchen mit flüssigem Schokokern)

BESONDERHEITEN Der mit Alkohol aufgespritete Dessertwein von der gleichnamigen Insel reift in sogenannten *estufas* (Wärmetanks). Die einfachsten Versionen werden kurz und hoch erhitzt, die besten reifen unter natürlichen Bedingungen 3 bis 5 Jahre auf Dachböden. Reifedauer und Rebsorten entscheiden über Qualität und Stil: Sercial ergibt trockene, feine, säurereiche, Verdelho ebenso trockene, aber sanftere, Bual dunkelfarbige, elegante, feinduftige und Malmsey die süßesten und üppigsten Madeiras. Billige Madeiras bestehen aus Tinta negra mole.

Marsala

[marsala]

REBSORTEN Catarratto bianco, Grillo, Damaschino, Inzolia

HERKUNFT I-Sizilien

Weinstil: trocken bis wuchtig

Farbe: golden bis bernsteinfarben

Körper: mittel bis opulent-cremig

Säure: ausgeglichen

Aroma: salzig, Trockenfrüchte, Vanille, Karamell

Essenspartner: Cassata (ital. Schichttorte)

BESONDERHEITEN Der einst berühmteste Wein Siziliens wird heute vor allem zum Kochen und Backen geschätzt. Der jüngst verstorbene Marco de Bartoli sorgte nicht nur für eine Renaissance, sondern auch für einen neuen Stil – feiner, komplexer als die traditionelle Version. Man unterscheidet in Reifestufen: »Fine« (1 Jahr), »Superiore« (2 Jahre), »Superiore Reserva« (mindestens 4 Jahre). Die besten, »Vergine« oder »Solera«, dürfen sich nach 10 Jahren Solera-Verfahren (→ Sherry, S. 144) sehr alt, »stravecchio«, nennen.

Minervois

[minerwoa]

REBSORTEN Syrah, Mourvèdre, Grenache, Lledoner Pelut (zusammen mindestens 60%), Carignan, Cinsaut, Piquepoul noir, Terret noir Aspiran

HERKUNFT F-Languedoc

Weinstil: einfach bis komplex mit reicher Frucht

Farbe: mittel- bis dunkelrubin- oder karminrot

Körper: elegant bis füllig, vollmundig

Säure: harmonisch

Aroma: würzig-beerig, Kräuter, Dörraromen

Essenspartner: Terrine, gegrillter Fisch, Wurst

BESONDERHEITEN Minervois ist eine der größten Regionen im Languedoc. Das Gros der Weine wächst in der Flussebene beim Städtchen Minerve, doch besser sind jene von den kargen Hochlagen oberhalb.

Portwein

[portwein]

REBSORTEN (von 48 zugelassenen die wichtigsten)
ROT Touriga nacional, Touriga franca, Tinta Roriz, Tinta barocca, Tinta Cão

WEISS Encruzado, Esgana Cão, Folgasso, Gouveio

HERKUNFT P-Douro

Weinstil: süß-saftig bis elegant-finessenreich und füllig

Farbe: rubinrot bis schokoladig-dunkel

Körper: mittel bis kraftvoll

Säure: mittel

Aroma: Süßkirsche, Schokolade, Gewürze, Kräuter

Essenspartner: Wildpastete, Hartkäse, Schokolade

BESONDERHEITEN Bei der Portweinherstellung wird die Gärung durch Zugabe von Branntwein unterbrochen. Der Stil – Ruby (fruchtig-leicht), Tawny (beste Cuvées ohne Jahrgang, reifen bis zu 40 Jahre) oder Vintage Port (nur in besten Jahren) – wird von der Reifezeit jeweils im Fass und danach in der Flasche bestimmt. Von Bedeutung für die Qualität eines Ports sind auch die verwendeten Rebsorten.

Rioja

[rijocha]

REBSORTEN Tempranillo (Hauptsorte), Garnacha, Mazuelo, Graciano, Viura, Garnacha blanca (begrenzt auch Cabernet Sauvignon und Merlot)

HERKUNFT E-Rioja

- **Weinstil:** leicht-fruchtig bis finessenreich mit samtigem, rundem Körper
- **Farbe:** hagebuttentönig bis dunkles Kirschrot
- **Körper:** leicht bis körperreich
- **Säure:** mittel bis kräftig
- **Aroma:** Cassis, Erdbeere, Pflaume, Leder, Süßholz
- **Essenspartner:** Schweinebraten, Lamm, Hirsch

BESONDERHEITEN Garnacha dominiert die Unterregion Rioja Baja mit eher fülligem Weinstil; aus der Haupt-

Weinberg im La Rioja

rebsorte Tempranillo, hier Tinto fino genannt, entstehen in Rioja Alavesa fruchtige Weine und in Rioja Alta die edelsten aller Riojas. Während früher noch mancher Rioja durch zu lange Fassreife versauerte und Billig-Riojas außerhalb der Region abgefüllt wurden, hat die traditionsreiche Region heute dank dynamischer Winzer auf den Qualitätsweg zurückgefunden.

Sauternes

[sotern]

REBSORTEN Sémillon (Hauptsorte), Sauvignon blanc, Muscadelle

HERKUNFT F-Bordeaux

- **Weinstil:** edelsüß-üppig bis edelsüß-komplex
- **Farbe:** mittleres bis dunkles Gold
- **Körper:** mittel bis üppig-geschmeidig
- **Säure:** mittel bis rassig
- **Aroma:** Honig, Butter, Karamell, Trockenfrüchte
- **Essenspartner:** Edelpilzkäse, Crème brûlée, Pfirsichblätterteigkuchen, Crème caramel

BESONDERHEITEN Die dünnhäutige Sémillon ist besonders anfällig für Edelfäule, den Schimmelpilz *Botrytis cinerea*, der sich unter entsprechenden Bedingungen gegen Ende der Reife gern auf den Trauben ausbreitet und auf der Suche nach Zucker deren Haut durchlöchert, sodass die Beeren schrumpfen und die Zuckerkonzentration in den Trauben deutlich ansteigt. Das ebenso konzentrierte typische Aroma und der füllige Körper der Sémillon machen sie zur Idealbesetzung für die edlen Sauternes-Süßweine. Mit 80 % beherrscht sie die Cuvée, immer im Mix mit der frisch-fruchtigen Sauvignon blanc, gelegentlich unterstützt von der zartwürzigen Muscadelle.

Sherry

[scheri]

REBSORTEN Palomino (Hauptsorte), Pedro Ximénez, Moscatel

HERKUNFT E-Jerez y Manzanilla de Sanlúcar de Barrameda

- **Weinstil:** trocken-frisch-mineralisch bis üppig-cremig-süß
- **Farbe:** helles Gold bis dunkelbraungold, dunkles Bernstein
- **Körper:** leicht bis schwer und cremig
- **Säure:** frisch bis sanft
- **Aroma:** mineralisch-salzig, nussig, würzig, Feige, Datteln, Karamell, getrocknete Aprikose, Honig
- **Essenspartner:** Aperitif, Tapas, Crème caramel

BESONDERHEITEN Alle jungen Weine kommen zuerst in die *criadera*, span. Kinderstube. In den fast vollen Fässern entwickelt sich bis ins Frühjahr auf der Oberfläche langsam die sogenannte Florhefe (→ S. 93), ein Phänomen, das man sonst nur im Jura und im Kaukasus kennt. Dabei steigen diese obergärigen Hefen auf der Suche nach Sauerstoff an die Oberfläche und bilden schließlich eine geschlossene Decke, vorausgesetzt, der Alkohol bleibt moderat. Es folgt das mehrstufige Solera-System, bei dem von oben nach unten, von einem Fass zum unteren, die Sherrys unabhängig vom Jahrgang langsam vermischt werden. Nach diversen Einzelbehandlungen dann die Endprodukte: trocken-eleganter Fino und Manzanilla, aromatisch-mildnussiger Amontillado, malzig-würziger Oloroso. Etwas Besonderes sind sehr alte Sherrys der Sorte Pedro Ximénez. Fino und Manzanilla sollten kühl genossen werden, Amontillado und Oloroso mit teils deutlich höherem Zuckergehalt hingegen leicht temperiert.

Tokajer

[tokajer]

REBSORTEN Furmint (Hauptsorte), Hárslevelű, Sargamuskotaly (Muscat blanc à petits grains)

HERKUNFT H-Tokaj-Hegyalja

- **Weinstil:** elegant-edelsüß bis würzig-edelsüß und dicht-komplex
- **Farbe:** goldgelb bis bernsteingold
- **Körper:** mittel bis intensiv
- **Säure:** hoch, dennoch elegant
- **Aroma:** Quitte, Aprikose, Honig, Nuss, Rosine
- **Essenspartner:** Edelpilzkäse, Nussgebäck

BESONDERHEITEN Der Tokajer gilt als der älteste edelsüße Wein der Welt. Vom einfachsten Tokaji Szamorodni über Tokaji Aszú bis zum hochedlen Tokaji Eszencia: Die Furmint sorgt für unvergleichliche Spannung und Vitalität, ihre wichtigste Partnersorte Hárslevelű für feurige Würze und elegante Fülle.

Valpolicella

[wallpolitschella]

REBSORTEN Corvina (40–70 %), Rondinella (20–40 %), Molinara (5–25 %), Cabernet Sauvignon, Merlot, Rossignola, Negrara, Barbera, Sangiovese (höchstens 15 %)

HERKUNFT I-Venetien

- **Weinstil:** fruchtig-frisch bis fruchtig-rund
- **Farbe:** mittleres Rubinrot bis granatrot
- **Körper:** mittel bis intensiv
- **Säure:** harmonisch

Aroma: Kirsche, Mandel, Würzig

Essenspartner: Antipasti, Pizza, Spaghetti bolognese

BESONDERHEITEN Auch der Valpolicella hat sich gewandelt, vom ehemals robusten zu einem lebhaften, geschmeidigen Typ, der sich gut mit Holz verträgt. Die früheren leichten Massenprodukte sind passé. Viele profitieren vom *ripasso*-Verfahren: Dabei werden die gepressten Rosinen von der Amarone-Erzeugung (→ S. 126) mit dem frischen Valpolicella vermischt. Manche Winzer verwenden gleich die getrockneten Trauben, wie für Amarone, um den Weinen Fülle und Kraft zu verleihen.

Weißherbst

[weißherbst]

REBSORTEN Spätburgunder, Portugieser, Schwarzriesling, Dornfelder, Trollinger, St. Laurent

HERKUNFT Deutschland (vor allem Baden)

Weinstil: angenehm, fröhlich, erfrischend

Farbe: rosig bis altrosa

Körper: mittel

Säure: frisch bis mittel

Aroma: frische Frucht, Himbeere, Johannisbeere, kirschig, Mandel, nussig

Essenspartner: Wurstplatte, Schwein, Vorspeisen

BESONDERHEITEN Auch wenn junge Winzer diese Bezeichnung nicht mehr verwenden: Weißherbst gibt es reichlich in Deutschland aus den verschiedensten Rebsorten, aber wenn so bezeichnet – so will es das Gesetz –, dann nur aus einer Rebsorte und einer Lage.

Register

Stichwörter, die keine Rebsortennamen sind, erscheinen in *Kursivschrift.* **Fettschrift** verweist auf Haupteinträge.

N

Impressum

Grillparzerstr. 12, 81675 München
HALLWAG ist ein Unternehmen der GRÄFE UND UNZER VERLAG GmbH, München, GANSKE VERLAGSGRUPPE.
www.hallwag.de

Projektleitung: Dr. Maria Haumaier
Lektorat: Eva Meyer
Satz: Uhl + Massopoust GmbH, Aalen
Herstellung: Markus Plötz
Innen- und Umschlaggestaltung: independent Medien-Design, Horst Moser, München
Umschlagfoto: © StockFood/Hilde
Repro: Repro Ludwig, Zell a. See
Druck und Bindung: Stürtz GmbH, Würzburg

2. Auflage 2013
ISBN 978-3-8338-2301-5

GRÄFE UND UNZER

Ein Unternehmen der
GANSKE VERLAGSGRUPPE

Liebe Leserin und lieber Leser,
wir freuen uns, dass Sie sich für ein HALLWAG-Buch entschieden haben. Mit Ihrem Kauf setzen Sie auf die Qualität, Kompetenz und Aktualität unserer Bücher. Dafür sagen wir Danke! Ihre Meinung ist uns wichtig, daher senden Sie uns bitte Ihre Anregungen, Kritik oder Lob zu unseren Büchern. Haben Sie Fragen oder benötigen Sie weiteren Rat zum Thema? Wir freuen uns auf Ihre Nachricht!

Wir sind für Sie da!
Montag – Donnerstag:
8.00 – 18.00 Uhr
Freitag:
8.00 – 16.00 Uhr

Tel.: 0800/7237333
Fax: 0800/5012054
(kostenlose Servicenummern)
E-Mail:
leserservice@graefe-und-unzer.de

GRÄFE UND UNZER Verlag
Leserservice
Postfach 860313
81630 München

Hallwag

Bildnachweis: S. 4 StockFood/Weber, Inge; S. 7 mauritius images/Hans-Peter Merten; S. 10 Grand Tour/Corbis; S. 12 Getty Images/Jordan Siemens; S. 16 Getty Images/Juliette Wade; S. 19 DWI/Dieth; S. 21 DWI/Kämper; S. 22 mauritius images/imagebroker/G_Hanke; S. 32 BA-Geduldig; S. 37, 38, 42, Hans-Peter Siffert; S. 45 StockFood/Cephas/Keith Melvin-Phillips; S. 57 www.naturbildportal.de; S. 67 StockFood/Cephas Christodolo; S. 70 StockFood/Cephas/Mick Rock; S. 74 SINTESI/VISUM; S. 82, 88 Hans-Peter Siffert; S. 90 DWI/Dieth; S. 94 Hans-Peter Siffert; S. 96 DWI/Dieth; S. 98 StockFood/Cephas/Mick Rock; S. 102 Hans-Peter Siffert; S. 105 StockFood/Cephas/Diana Mewes; S. 111 Blickwinkel/I. Weber; S. 116, 119 Hans-Peter Siffert; S. 123 StockFood/Steven Morris; S. 124 Volker Knipser; S. 129 Owen Franken/Corbis; S. 130 StockFood/Cephas/Mick Rock; S. 132 StockFood/Hans-Peter Siffert; S. 135 David Lees/Corbis; S. 138 Kit Kittle/Corbis; S. 142 Radius Images/Corbis; S. 145 StockFood/Hans-Peter Siffert